和谐人生规划与设计

HEXIE RENSHENG GUIHUA YU SHEJI

李从如　贾　虹　主编

苏州大学出版社
Soochow University Press

图书在版编目(CIP)数据

和谐人生规划与设计 / 李从如,贾虹主编. —苏州:苏州大学出版社,2014.9
ISBN 978-7-5672-1098-1

Ⅰ.①和… Ⅱ.①李… ②贾… Ⅲ.①人生哲学—高等职业教育—教材 Ⅳ.①B821

中国版本图书馆 CIP 数据核字(2014)第 223289 号

书　　名:和谐人生规划与设计

主　　编:李从如　贾　虹
责任编辑:盛　莉
装帧设计:刘　俊

出版发行:苏州大学出版社(Soochow University Press)
出 版 人:张建初
社　　址:苏州市十梓街 1 号　邮编:215006
印　　刷:苏州工业园区美柯乐制版印务有限责任公司
E-mail　:Shengli@suda.edu.cn
邮购热线:0512-67480030
销售热线:0512-65225020

开　　本:787 mm×960 mm　1/16　**印张**:12.25 **字数**:227 千
版　　次:2014 年 9 月第 1 版
印　　次:2014 年 9 月第 1 次印刷
书　　号:ISBN 978-7-5672-1098-1
定　　价:22.00 元

凡购本社图书发现印装错误,请与本社联系调换。
服务热线:0512-65225020

编 委 会

主 编 李从如 贾 虹

副主编 赵永兵 高 珊 张 艳

编 委（以姓氏笔画为序）

文基梅 杨 晔 李从如

何卫星 张 艳 张红梅

周 瑾 赵永兵 袁 芳

贾 虹 夏 安 夏一蓁

高 珊

目录

Contents

智慧人生篇

专题一　思想家眼中的人生智慧 / 003

一、中国古代思想家的人生智慧 / 004

二、西方哲学家的人生智慧 / 016

专题二　人生要有大智慧 / 021

一、如何破解人生难题 / 021

二、职场智慧 / 024

三、智慧之源探求 / 025

专题三　智商与情商 / 027

一、智商与学习、工作 / 027

二、情商的价值与培育 / 030

三、情商测试 / 033

幸福人生篇

专题一　幸福观解析 / 049

一、哲人眼中的幸福观 / 049

二、我的幸福观 / 054

三、时代变迁与幸福观 / 055

专题二　物质世界与精神家园 / 060

一、寻找失落的世界 / 060

二、创造有价值的人生 / 061

三、构筑精神家园 / 062

专题三　幸福指数与评价指标 / 066

一、联合国《全球幸福指数报告》/ 066

二、幸福指数评价指标 / 069

三、幸福指数测评 / 071

道德人生篇

专题一　中西道德观 / 081

一、道德及其历史发展 / 081

二、中西道德观比较 / 084

三、传统道德的传承与扬弃 / 090

专题二　当前道德领域突出问题的治理 / 094

一、当前道德领域的突出问题 / 094

二、道德领域突出问题产生的根源 / 096

三、治理思路 / 099

专题三　提高修养　完善人格 / 105

一、大学生培养道德品质的意义 / 105

二、大学生应具备的道德品质 / 107

三、提高道德修养的方法和途径 / 110

法治人生篇

专题一　法治社会与法治理念 / 117

一、法治社会的内涵及特征 / 117

二、法治理念及法治思维方式 / 121

三、维护社会主义法律权威 / 124

专题二　公民的权利与义务 / 128

一、公民的基本权利与义务 / 128

二、公民基本权利与义务的一致性 / 132

专题三　侵权与维权 / 136

一、侵权行为 / 136

二、维权 / 138

三、自律与他律 / 141

美的人生篇

专题一 人生与审美 / 153
一、美与审美 / 153
二、人生之美 / 158
三、和谐社会与大美人生 / 160
专题二 爱情之美 / 165
一、文学中的爱情 / 165
二、现实中的爱情 / 168
三、爱情与审美 / 171
专题三 人生艺术化 / 175
一、彰显人格魅力 / 175
二、培养高雅情趣 / 178
三、创新生活方式 / 179

参考文献 / 185

后记 / 186

智慧人生篇

牛顿曾经说过："如果说我比别人看得更远些，那是因为我站在巨人的肩膀上。"前人的智慧是我们成长进步的基石。

专题一　思想家眼中的人生智慧

俗话说：拥有财富的人，不如拥有智慧的人。

何谓智慧？

有人说，智慧就是经验的结晶，智慧就是人生的修行，智慧就是对人生的感悟。

有人说，智慧是生活的艺术。

有人说，智慧是迅速、灵活、正确地理解和解决问题的能力。

《哲学词典》中关于智慧的释义为：对人生的最好目的，达到它们的最好手段，以及成功运用那些手段的实践理性的正确知觉。

《圣经文学辞典》认为，智慧是一切美的源泉。《旧约》说："智慧比珍珠更美。"《后典》说："智慧的美赛过太阳与群星。""当智慧向我们走来的时候，所有的美物皆随她而来。"

《佛学大辞典》中对智慧的解释是：智是决断（决疑断惑），慧是拣择（考察切要）。智是观照，慧是了知。再简而言之，观空照有，了知空有，就是智慧。智慧是什么？简单地说，智慧就是明了，对于一切现象你都能够通达明了，这就叫智慧。智慧大的人，不但能知道当前，还能知道过去，知道未来。

在百度百科及维基百科中，智慧被定义为：狭义的智慧是高等生物所具有的基于神经器官（物质基础）的一种高级的综合能力，包含感知、记忆、理解、联想、计算、分析、判断、决定等多种能力。

综上，智慧让人可以深刻地理解人、事、物、社会、宇宙、现状、过去、将来，拥有思考、分析、探求真理的能力。智慧使我们做出成功的决策。有智慧的人称为智者。智慧是对事物迅速、灵活、正确地做出理解和处理的能力，是人们生活实际的基础。

托尔斯泰认为："智慧就是懂得生活的任务，以及怎样去完成。"一个人能够正确评价环境，能够了解自己的长处和短处，能够知道自己生活的意义，能够履行自己的责任，能够以积极的心态去解决困难，能够知晓别人并与之和睦相处……这就是人生智慧。

德国思想家雅斯贝尔斯曾说：古代有一个轴心时代，2000 多年以前，中国出现了孔子、老子，印度出现了释迦牟尼，古代希腊出现了苏格拉底、柏拉图，古以色列出现了犹太教的先知，他们各自创造了文明，这个文明影响了现在两三千年。他说

以后每一次文化的复兴有一个规律，都必须回到源头上来吸取营养、吸取知识，然后再前进，然后才能创造出灿烂的光辉。

在人类悠久的历史长河中涌现出无数思想家，他们指点江山，激扬文字，他们妙语如珠，阐释人生，为我们留下了光耀千古的传世之作，留下了令人唇齿留香的千古绝唱。他们的认识智慧是人类文化宝库的璀璨明珠。

一、中国古代思想家的人生智慧

伏尔泰说："当你以哲学家的身份去了解这个世界时，你首先把目光朝向东方，东方是一切艺术的摇篮，东方给了西方一切。"

中国作为古代著名的文明古国之一，拥有悠久的历史和灿烂的文化。五千年的历史诞生了无数的思想家，他们是中华文化的珍宝，他们的思想精髓，他们言论中所阐述、揭示的人生智慧深刻影响了中国的过去，也影响着当代。

（一）道家鼻祖——老子

德国哲人尼采称赞《道德经》"像一个不枯竭的井泉，满载宝藏，放下汲桶，唾手可得"。

1. 老子其人

老子（约前571—前471），又称老聃、李耳，字伯阳，谥号聃。我国古代最伟大的哲学家和思想家之一、道家学派创始人。被唐皇武后封为太上老君，世界文化名人，世界百位历史名人之一。存世著作有《道德经》，其精华是朴素的辩证法，主张无为而治，其学说对中国哲学发展具有深刻影响。在道教中，老子被尊为教祖。

"知人者智，自知者明。胜人者有力，自胜者强。""祸兮福之所倚，福兮祸之所伏。""合抱之木，生于毫末；九层之台，起于累土；千里之行，始于足下。"……我们耳熟能详的很多名言警句都是出自老子之口。

2. 老子其书

老子所著《道德经》，又称《道德真经》、《老子》、《五千言》、《老子五千文》，是中国古代先秦诸子分家前的一部著作，为其时诸子所共仰，是道家思想的重要来源，被奉为道教最高经典。

《道德经》分上、下两篇，原文上篇《道经》、下篇《德经》，不分章。后分为81章，上篇《道经》从第1章到第37章，下篇《德经》从第38章至第81章。老子对"道"与"德"的描述，其实质是对宇宙、万物、人类以及人本身的种种内涵的立体

的、多层次的剖析。

《道德经》像一个包罗万象、永不枯竭的奇妙宝藏，不同的读者有不同的理解。即使是同一个人，随着时间的推移，也会有不同的收获。

《道德经》阐述"道"和"德" 的深刻含义，它代表了老子的哲学思想，是中国历史上首部完整的哲学著作，思想内容微言大义，一语万端，被华夏先辈誉为"万经之王"。

据联合国教科文组织统计，《道德经》是除了《圣经》以外被译成外国文字发行量最大的文学名著，又被誉为"哲学之诗"。

如果我们把道德文化作为一个哲学学派放在中国哲学史长河中加以考察，既考察其形成和基本理论，以及它对儒、墨、名、法、阴阳、佛的影响，也反向考察儒、墨、名、法、阴阳、佛给予它的影响，则不难发现，中国历史上第一个创建完整哲学体系的人是老子，老子的道德文化是中国哲学本体论的开始。

老子曰："道生一，一生二，二生三，三生万物。万物负阴而抱阳，中气以为和。"这一段话是对宇宙、对世界、对人类、对每个人的心身性命所下的科学论断。几千年以来，不论在中国还是在世界各地，都无人能够逾越老子的这一道学思想的峰峦；同时，老子的道学思想还悄然引领着世界哲学思想向前发展。老子这一段话，真可谓"横看成岭侧成峰"，它不仅影响着中国社会几千年的发展，而且，这一哲学思想在 17 世纪就开始西游欧洲，演绎了一场"老子哲学西出函谷关化胡"的活剧，对西方哲学思想的发展，发挥着源泉式的滋养作用。

《道德经》词句优美，哲理古奥，名言警句如珠玉连贯，微言大义如日月启明，到处闪烁着哲学的光芒，本身就是一部充满哲学智能的诗歌。它单是对"有"与"无"这一对范畴的辩证分析，就是世界哲学史上一切哲学的出发点。

《道德经》是哲学性和美学性高度结合的伟大诗篇，它和《庄子》一起对后世文学的幽古旷远、清净玄言、豪放瑰奇、雄浑壮阔等特质起到"天开海岳"的奠基、启蒙作用，可以说，没有《老子》就没有《庄子》的"逍遥"，就没有屈原的《离骚》、魏晋的玄言诗、李白的豪迈……

3. 慧海拾贝——趣谈老子的人生智慧

中国人民大学国学院常务副院长、教授黄朴民在其《黄朴民解读道德经》一书中将老子的人生智慧归纳为一个精神、四项原则、一种理想。

（1）一个精神。

一个精神就是自然精神。这个自然不是我们现在说的大自然，更不是具体的事物。老子所谓的自然就是自然而然的一种状态，人就依从这种自然的状态该怎么生活就怎么生活。事物各有自己的本性，不要强求去改变它、改造它。

老子说过一句很有名的话,“天地不仁,以万物为刍狗”,“圣人不仁,以百姓为刍狗”。天地是无所谓仁慈的,它没有仁爱,对待万事万物就像对待刍狗(古代祭祀时用草扎成的狗)一样,任凭万物自生自灭。这是主张不要刻意地表现怜悯爱惜、鼓吹仁义道德。牛羊吃草,人吃它们的肉,表面上看很残忍,但是它反映了一种自然的本性,自然的生物链;若要打破这个生物链,打破这个平衡,就会造成秩序的混乱。

老子强调“见素抱朴”(现其本真,守其纯朴,不为外物所牵),不强求改变,尊重自然,按照事物本来的运行规律办事,因势利导,用无为来达到无不为的目的。

(2) 四项原则。

第一是批判原则。老子主张对任何事情都持思辨的态度,持独立批判的能力。批判的能力很重要,没有批判的能力,社会就不能发展。老子用自己的眼光看事物,也就是用自己的头脑思考。他认为,“有为”往往会导致妄为、胡作非为。其实人可以通过“无为”来达到“有为”的目的。

老子有很多治国思想,对当时社会的批判是非常有力的。他说治大国若烹小鲜,意思就是治大国就像煎鱼一样,要讲究技巧,煎鱼时不能随便翻,以免把鱼都翻烂了,应该尽量不干预,让它自己熟。他还有一句非常经典的话:“大道废,有仁义;智慧出,有大伪;六亲不和,有孝慈;国家昏乱,有忠臣。”这是说,自然规律被破坏了,才用所谓仁义约束人的行为;有了智慧,也出现了虚伪;母子、父子、兄弟不和睦的时候,才提倡孝道;国家快要垮台的时候,才会看出忠臣。总之,越是宣传、提倡的东西,越说明它是最缺乏的东西。这是老子深刻独到的见解。

第二是变易原则,也就是辩证原则。老子讲一切都是对立的,也讲一切都在变化和一切皆有利弊。好的一面包含不利的一面,不利的一面包含着好的一面,没有单纯的利,也没有单纯的弊。

“塞翁失马,焉知非福”是一句我们非常熟悉的话,提醒我们单纯的利和单纯的害是没有的,事物发展过程中都存在两个方面。比如现在我们经济发展得很好,但同时也产生了对环境、生态的破坏。我们在引进许多新观念、新生活方式的同时,也丢掉了我们民族不少固有的美德。但是我们要辩证地看问题,不能因为事情有弊有害就不去做,关键是我们要把害处控制在最小的范围内。

第三是适度原则。儒家叫中庸。老子说少私寡欲,“私”少一点,欲望不是不可以有,但是别过分。这就需要掌握一个合适的度。

中国文化有求全的传统,什么都要做到圆满。药里面有十全大补酒,九全就不行;宴席是满汉全席,全是好东西;竞争上要通吃不漏;人才上要求全责备……其实,一味求全会有很多弊端,会投鼠忌器、优柔寡断、患得患失,还会有求全之毁。

老子的观点可以帮助我们认识和纠正这种思想上的误区。

老子还说，缺的东西、少的东西往往是完整的；表面上弯曲的，实际上是直的；空的东西，实际上是满的；旧的东西，实际上就是新的。我们可能会有这样的经验：有些买了三年的衣服，再穿出去就过时了，是旧的了；倘若再放一段时间，没准又变时髦，成新的了。

第四是柔弱原则。这个原则非常重要。老子认为，勇于敢则杀，勇于不敢则活，意思是你越不争，你得到的东西就越多，就是要以退为进、欲擒故纵。人们从生活中的经验教训总结概括出的很多格言，比如"木秀于林，风必摧之；堆出于岸，流必湍之；行高于人，众必非之"，"枪打出头鸟"，"真正有能耐不在于你敢作敢为，而在于你不敢做不敢为"等等，就是老子柔弱原则的体现。

(3) 一种理想。

道家、儒家都讲"和"，传统文化里的和谐是我们今天建设和谐文化、和谐社会的重要资源。道家讲三个"和"：天人之和、人际之和、个人的身心之和。三个"和"有三个特点。

一是包容性。和谐首先要有宽大的胸怀。老子说："江海所以能为百谷王者，以其善下之，故能为百谷王。"这就是我们经常讲的海纳百川，有容乃大。"天之道，常善之物，故无弃物，常善之人，故无弃人。"世界上没有一样东西是没有用的，也没有一个人是没有用的。"高以下为基，贵以贱为本。"和谐首先是包容。

二是差异性。世间万物，千奇百怪，什么形态都有。要承认差异。每个人都有自己的活法，幸福是一种很自我的感受，没有统一的衡量尺度，不能强求一律。承认、尊重差异性是和谐的第二个层次。

三是平衡性，也是"和"的核心层次。差异是应该承认的，但差异太大也会出问题。所以老子说，天之道"有余者损之，不足者补之"，强调一种包含了超越、制衡的动态平衡。抑制权力过大或贫富差距过大符合上天之道。老子认为，虽然不可能做到完全公平和合理，但要做到相对公平和公正。

《老子》一书包含了丰富的人生智慧，而且也是很好的文学作品。面对错综复杂、竞争日趋激烈的社会，读读《老子》能让自己保持清醒的头脑，把握机会，更好地工作和生活。

4. 社会评价

吾今日见老子，其犹龙耶！

——司马迁《史记·老子列传》(孔子语)

关尹、老聃乎，古之博大真人哉！

——庄子《庄子·天下篇》

(《道德经》)其要在乎理身、理国。理国则绝矜尚华薄,以无为不言为教。理身则少私寡欲,以虚心实腹为务。

——唐玄宗《御制道德真经疏》

伯阳五千言,读之甚有益,治身治国,并在其中。

——宋太宗《宋朝事实》卷三《圣学》

老子道贯天人,德超品汇,著书五千余言,明清静无为之旨。然其切于身心,明于伦物,世固鲜能知之也。

——清世祖《御制道德经序》

老子之书,上之可以明道,中之可以治身,推之可以治人。

——魏源《老子本义》

我觉得任何一个翻阅《道德经》的人最初一定会大笑;然后笑他自己竟然会这样笑;最后会觉得很需要这种学说。至少,这会是大多数人初读老子的反应,我自己就是如此。

——林语堂《老子的智慧》

老子是中国哲学的鼻祖,是中国哲学史上第一位真正的哲学家。

——胡适

当人类隔阂泯除,四海成为一家时,《道德经》将是一本家传户诵的书。

——蒲克明

《老子》的意义永无穷尽,通常也是不可思议的。它是一本有价值的关于人类行为的教科书。这本书道出了一切。

——约翰·高

中国传统文化的优秀代表,人类道德论的开山之作。

——《道德经的智慧全集》

天下经典唯《老子》最为精妙。

——张豪

东方古代世界的代表者。

——黑格尔

或许除了《道德经》之外,我们将要焚毁所有的书籍,而在《道德经》中寻得智慧的摘要。

——威尔·杜兰

每个德国家庭买一本中国的《道德经》,以帮助解决人们思想上的困惑。

——德国前总理施罗德

道家对自然界的推究和洞察，完全可与亚里士多德以前的希腊相媲美，而且成为中国整个科学的基础。

——李约瑟（英国生物学家、科学史家，两次诺贝尔奖得主）

老子是在两千多年前就预见并批判今天人类文明缺陷的先知。老子似乎用惊人的洞察力看透个体的人和整体人类的最终命运。

——汤川秀树（日本物理学家，诺贝尔奖得主）

中国社会经过来自古今中外的各种思想、学说、主义和文化的洗礼，已经形成一种非常稳固的主流精神文化。但是进入21世纪，越来越多的人发现，我们正处于一个道德信仰空虚的时代。人们的思想是否缺乏一种精神约束力来规范呢？道德信仰的核心根植于传统道德文化中，这一点日益为事实所证明。西方哲学家阅读《道德经》，要从中获取能够拯救西方文明危机的良方。而他们的确发现，《道德经》对人与自然关系的和谐理解、为人处世的自然态度、德行培养的方法等，对革除西方文明中的精神失落和强权意志之弊，都具有非常积极的作用。我们更应从中汲取人生智慧，来指导我们的学习、工作和生活。

延伸阅读

老子三宝

我有三宝，持而保之。一曰慈，二曰俭，三曰不敢为天下先。慈故能勇；俭故能广；不敢为天下先，故能成器长。今舍慈且勇，舍俭且广，舍后且先，死矣！夫慈，以战则胜，以守则固。天将救之，以慈卫之。

译文：我有三个法宝，拥有并一直在实行着：第一是慈爱，第二是节俭，第三是谦让居下。慈爱就能产生勇气；节俭，所以能大方；不敢居于天下人之先，所以能成为万物之长。如果舍弃慈爱、只求勇敢，舍弃节俭、只求大方，不能在人后而要争在前面，那死期不远啦！三宝中最重要的是慈爱，以慈爱之心作战就能获胜，以慈爱之心防守就能巩固。天要救人，一定用慈爱心来保卫他。

（二）百世师表——孔子

1988年在巴黎召开的“面向21世纪”第一届诺贝尔奖获得者国际大会上，一批国际著名学者和诺贝尔奖得主探讨了21世纪科学的发展与人类面临的问题。在会议的新闻发布会上，1970年诺贝尔物理学奖得主瑞典科学家汉内斯·阿尔文博士发表了非常精彩的演说。他在其等离子物理学研究领域的辉煌生涯即将结束的时候，得出了如下结论："人类要生存下去，就必须回到25个世纪之前，去汲取孔子的智慧。"（详见1988年1月2日澳大利亚的《堪培拉时报》发表的一篇发自巴黎的题为《诺贝尔奖获得者说要汲取孔子的智慧》的文章，文章的作者是帕特里克·曼海姆）

历史上，对孔子及《论语》的评价有两句话比较著名：一是"天不生仲尼，万古如长夜"，二是"半部《论语》治天下"。

孔子乃一介布衣，然而，他却以自己73年的人生，穿透了中国几千年的历史；用一生坎坷的命运，创造出古今中外最温柔、最诗意、最无可替代的哲学。

孔子究竟是怎样的一个人？他的魅力何在？他的智慧是什么呢？

1. 孔子其人

孔子（公元前551年—公元前479年），名丘，字仲尼。祖籍宋国（今河南省商丘市夏邑县），春秋末期鲁国陬邑（今山东省曲阜市）人。孔子是春秋末期著名的思想家、政治家、教育家，儒家学派的创始人，开创了私人讲学的风气。

孔子被誉为"天纵之圣"、"天之木铎"，是当时社会上最博学的人之一，被后世统治者尊为孔圣人、至圣、至圣先师、万世师表、文宣皇帝、文宣王，是世界十大文化名人之首。孔子的主要思想主张：以德教化人民，以礼治理国家。

相传孔子有弟子三千，贤弟子七十二人，孔子曾带领部分弟子周游列国。孔子去世后，其弟子及其再传弟子把孔子及其弟子的言行和思想记录下来，整理编成著名的儒家学派经典《论语》。孔子的思想对中国和世界都有深远的影响，世界各地都有孔庙祭祀孔子。

2. 孔子其书

孔子对后世影响深远，虽说他"述而不作"，但后世认为他曾修《诗》、《书》、《礼》、《乐》，序《周易》，著《春秋》。《论语》是儒家学派的经典著作之一，由孔子的弟子及其再传弟子编撰而成。它以语录体和对话文体为主，记录了孔子及其弟子的言行，集中体现了孔子的政治主张、伦理思想、道德观念及教育原则等。南宋时，《论语》与《大学》、《中庸》、《孟子》并称"四书"。通行本《论语》共20篇。《论语》的语言简洁精练，含义深刻，其中的许多言论至今仍被世人视为至理。

3. 孔子的十大智慧

孔子的智慧博大精深，现撷取其十简介如下。

(1) 坚定目标——"匹夫不可夺志。"

即使你是一个普通人，也不能随意改变你的志向。不管你从事什么工作，任职何种岗位，关键在于，当你确定了目标，无论是顺境还是逆境、贫穷还是富有、疾病还是健康，一定要全力以赴、坚定不移地走下去。

(2) 制订计划——“人无远虑,必有近忧。”

一个人如果没有长远的考虑,一定会有近在眼前的忧患。你想要实现人生的远大目标,就必须立足当前,制订切实可行的计划,并在坚定不移的实践中,通过持续改进,以求得人生的进步和成长。

(3) 打好基础——“工欲善其事,必先利其器。”

一个人要想把工作做得尽善尽美,首先应该把工具准备好。你要想让自己的计划付诸行动、取得成功,一个很重要的条件是:打好基础。

(4) 珍惜时间——“逝者如斯夫,不舍昼夜。”

时间就像奔腾的河水,不论白天黑夜不停地流逝。用今天的话来说,时间就是金钱,效率就是生命。你要珍惜时间,不能寻找借口,也不能留有退路,必须在规定的时间内做好计划中的事或超额完成既定的任务。

(5) 以身作则——“己所不欲,勿施于人。”

自己不想要的东西,切勿强加给别人。在生命的长河中,恪守这一信条,不仅是尊重他人、平等待人的体现,也是你赢得尊严的法宝,更是你享有幸福、取得成功的通道。

(6) 勤奋学习——“学而时习之,不亦说乎?”

学过的内容经常温习,不是一件很开心的事吗?如果你不仅在学生时代做到如此,而且在社会打拼多年后也仍能保持这一习惯,那么,你就更接近于一个学有所成、大有作为的人。

(7) 虚心求教——“三人行,必有我师焉。”

三个人同行,其中必定有我的老师。这不仅是一份谦虚,更是一种胸怀,还是一条永恒的成才之路。在知识经济日益发达的今天,它仍然是你加强修养、提高水平的最佳途径,也是你促进人际关系和谐的重要条件。

(8) 诚信为本——“与朋友交,言而有信。”

与朋友交往,说话一定要讲信用。在市场经济条件下,这更是我们为人处世的基本原则。因此,你一旦张嘴,说了就要做到,做出的承诺就一定要兑现。不然,你伤害的不仅仅是他人,更是你自己。

(9) 取财有道——“见利思义,见危授命。”

见到利益能想想是否合乎道义,遇到危难便肯付出生命。致富光荣,但不做金钱的奴隶。倘能如此,怎一个“义”字了得?若能财散人聚,你的生命又该是几多光彩?

(10) 掌握命运——“未能事人,焉能事鬼?”

还没有侍奉好人呢,怎么能谈侍奉鬼神?我们既然生在现世,最高的人生境界

当是以出世之精神做入世之事情。倘如此，无论遇到怎样的艰难险阻，你都能“扼住命运的咽喉”，将你的命运永远掌握在自己的手中。[1]

4. 社会评价

1982年8月27日，为纪念孔子诞辰2533周年，美国各界人士在旧金山举行祭孔大典，时任美国总统的里根先生致函说：“孔子的高贵行谊与伟大的伦理道德思想不仅影响了他的国人，也影响了全人类。孔子的学说世代相传，为全世界人民提示了丰富的为人处世原则。”

1984年，美国出版了著名的《世界名人大词典》，孔子被列为世界十大思想家之首。而英国出版的《人民年鉴手册》同样把孔子列为世界十大思想家和文化名人的首位。

1988年1月，75位诺贝尔奖获得者在巴黎聚会，诺贝尔物理学奖得主、瑞典科学家汉内斯·阿尔文博士指出：“人类要生存下去，就必须回到25个世纪之前，去汲取孔子的智慧。”

1998年，全世界100多个宗教组织代表集会发表《普世伦理宣言》，将中国儒家“己所不欲，勿施于人”这一思想写进了宣言。

2001年，美国加利福尼亚州议会通过决议，将孔子的生日9月28日定为“孔子日”，以纪念这位对人类教育事业做出杰出贡献的先贤。负责起草议案的议员表示，中华民族悠远、灿烂的文化极大地丰富了美国多元文化的内涵。孔子完善的教育思想是世界文明的宝贵财富。

延伸阅读

别样孔子

——《论语》闲札

山　爷

寒假无事，闲翻《论语》，走近孔子，观其言行，越发看清：脱却冠冕与神圣的光环之后，孔子是一位语言和善而不乏幽默的长者，是一位可亲可近可敬可爱的老人家。于是便札了一些比较合意的文字和故事，略约地勾勒一下对孔圣的印象，竟也戏谑出一篇文字，希望能改善一下孔夫子正襟危坐、不苟言笑的形象，毕竟他老人家在那端坐了两千多年了，也厌烦了吧，换个更近人的姿态，肯定会有更多的人喜欢上他。并希望各位解语君子在解颐消乏、喷饭共赏之余，像孔夫子一样率真而坦

〔1〕 http://blog.tianya.cn/blogger/post_read.asp? BlogID = 2077394&PostID = 19231296.

荡，得到仁者的恬然与智者的快乐。

谦而好学，精勤不倦

孔子是一名优秀的人民教师，一生授徒无数，传说"弟子三千，达者七十二人"。作为一名老师，只能用一句话来形容他，那就是：太有才了！他的爱徒颜回赞叹说："仰之弥高，钻之弥深。"颜回望孔子如仰高山，想要攀登却找不到路径。太史公也有类似的论述，他引《诗经》赞曰："'高山仰止，景行行止'，虽不能至，然心向往之。"把孔子比作入云的高山、宽广的大道。而孔子的魅力在于，他从不把自己神化，不说自己是天才，只是淡淡地说了一句："吾非生而知之者，好古，敏以求之者也。"他说的是实话，他之所以能掌握如此广博的知识，是因为他的勤奋与谦虚。为了求取他所喜欢的知识，他辗转各地，"问礼于老子，学乐于苌弘，习琴于师襄"，故能精于六艺，博采百家。他说，君子不求温饱，不图安逸，做事勤勉，言行谨慎，接近有道的人使自己匡于正义，这样的人应该说是好学的了。(《学而》)而他叫学生向别人介绍自己的老师时，也不过是说："发愤忘食，乐以忘忧，不知老之将至云尔。"直至晚年，夫子仍手不辍卷，精研易道。《史记·孔子世家》载："孔子晚而喜《易》，序《彖》、《象》、《说卦》、《文言》，读《易》，韦编三绝。"孔子勤于学而乐于学，朝暮不改，日有所进，他以自己的行动给《周易·系辞》"日新之谓盛德"做了一个最好的注脚，也给后来的儒学弟子树立了一个终身学习的典范。

锦心绣口，循循善诱

但作为一名老师，仅有满腹的才学是不够的，还需要有好的方法将知识灌输给学生，于是孔子提出了"有教无类"的口号。在他眼里，没有不能教育的人，只要根据学生的不同特点采取不同的教育方法即可。孔子从不做机械说教，也不做大话西游里的唐僧，絮絮叨叨，索然寡味。他很善于在无意间使人获益，在日常的谈话和交流中传达思想，起到教育的作用。有一次，冉有问孔子：听到好的道理就去做吗？孔子回答：当然，听到就去做。不久，另一个学生子路也问了一个相同的问题，孔子却说：有父兄在，你怎么能不跟他们商量一下，听了就去做呢？而公西华恰好两次都在场，他问孔子：为什么两个人问同样的问题，却得到了截然相反的答案？孔子说：冉有做事退缩，所以我激励他；子路为人鲁莽，所以我压制他。用中医的术语说，这是典型的"辨证论治"，只不过上医医国，孔子是在医心啊。

爱徒若子，用心良苦

孔子是如此聪明睿智而又用心精微，他深深地喜爱和关怀着他的每一个弟子，他很少骂人，批评最多的一个人便是子路。他认为子路勇武过人，这不是君子所应有的品质，也不是长久安身立命的方法。一次，几个徒弟侍立一旁，孔子看到闵子骞正直恭顺的样子，子路威武雄壮的样子，冉有、子贡滔滔雄辩的样子，心里很高兴,说了一句:我看子路会不得好死吧。("若由者,不得其死然。")这是一种规劝,也是一种告诫。又有一次,孔子感叹自己的政治理想不能实现,说:"道不行,乘桴浮于海。从我者,其由与?"子路听了很高兴,心想老师终于夸我了,就去问为什么,夫子道:你这个人啊,好勇争胜,跟人打架比我强,其余就没什么可取的优点了。("由也好勇过我,无所取材。")我可以想象到当时子路的表情。但我们或许只见到了孔子对子路的批评和讽刺,却看不到他对子路的爱,所谓"爱之深,责之切"。不知子路死前是否能想起老师的话,是否能体会到恩师的良苦用心。师者父母心啊!

言传身教,知交相惜

作为一名老师,言传重要,身教更重要。孔子一直践行着自己的思想,而且不固执,爱自己,更爱真理。有一次他带弟子去武城,听到市井之间有"弦歌之声",夫子莞尔一笑,说:"割鸡焉用牛刀?"意思是说,教化小民,用得着这样高雅的音乐吗?子游反驳道:以前我听您教诲说,君子学习礼乐就会更加热爱人民,百姓学习礼乐就会更加容易役使。("君子学道则爱人,小人学道则易使也。")言下之意是,您这样说不大对吧?孔子说:同学们,子游说得对啊,我刚才在开玩笑呢。("前言戏之尔。")多么可爱的老师!

孔子深爱着他的学生,学生们也爱他们的先生,他们既是授业习业的师徒,又是诚挚的朋友,更是人生中难寻的知己。这是一种知交的相惜,更是一种生死的追随。有一次,孔子带弟子周游时,被困于匡(地名),颜回在后,晚到了一会儿,孔子见到颜回,说:怎么才来?我还以为你死了呢。颜回说:您不死,我哪里敢死啊!读完这一段,有种莫名的感动涌在心头。他们好像是在说笑,但其中又蕴含着多么深挚的情感啊。鲁迅先生说:"人生得一知己足矣,斯世当以同怀视之。"有友如斯,生复何求?有友如斯,死而无憾。

晏如恬淡,表里如玉

生活中的孔子吃穿讲究,但不尚奢华,追求一种恬淡的生活。他讲究吃穿,也不过是认为,作为士大夫,衣食住行要符合礼仪规范和养生之道,《乡党》篇中有大段考究衣食的论述,十分有趣,喜欢的不妨看看。君子时时处处都是表里如一的,生活中的孔子也这样,他"出门如见大宾",穿着得体,落落大方,言辞文雅。即使闲居时,也必"申申如也,夭夭如也",身心舒展,恬然快乐。此可作为人前淑男淑女,闲来无事挖鼻孔者之戒。闲居亦必合礼,表里皆当如玉,孔子真君子也。

方才说孔子不尚奢华,曾曰:"饭疏食,饮水,曲肱而枕之,乐亦在其中矣,不义而富且贵,于我如浮云。"与物质的享受相比,孔子认为本心的快乐更重要,如果违

背本心,即使富有,也不会真正快乐。他对快乐的理解是“一无所有,而又一无所缺”吧?因为一无所有,所以无所羁绊;因为一无所缺,所以内心充实。物欲的满足不会给人带来恒久的快乐,快乐也与贫富没有必然的联系。子贡问孔子:贫穷而不奉迎谄媚,富有而不傲慢,这样如何?孔子说:可以啊,但不如贫穷而快乐,富有而好礼的人啊。两种人都不错,只是境界不同罢了。孔子赞叹:颜回,他真贤良啊!“一箪食,一瓢饮”,住在简陋的房子里,世人都不能忍受的忧愁,而颜回却始终不改他的快乐。颜回的快乐是什么呢?是心中的美好理想,是对美的追求和向往,于是誓死捍卫,至死不渝。孔子为什么如此喜爱颜回?大概是颜回像极了孔子,在那个礼崩乐坏、民不聊生的年代,他们坚守并快乐着。而在这样物质生活更加丰富的年代,我们快乐吗?不是我们没有快乐,是我们没有坚守吧。当本心离开这躯壳,我们陷入惶恐与迷惑中时,是不是还能听到一位和善的老人家,“抱着名为文字的琴,独自唱歌”?我翘首企盼,希望能一见这样的君子。

率真的性情中人

孔子不是以道窒欲的腐儒,也不是一个道学先生,他从来都是用他认为合理的方式最确切地表达自己的内心,这是所有性情中人的通性。由此观之,孔夫子是个彻头彻尾的性情中人,有着常人的喜怒哀乐,且不加掩饰。比如他想表达对《韶》乐的喜爱时,用“不知肉味”来比拟,《韶》乐多么高雅,而吃肉多么寻常啊,只是因为孔子喜欢吃肉,所以他用这生平最快意的事来比衡,多么率真,后世不肖的孔学门生整日满口道德文章,几人能如此?哈,“不图为乐之至于斯也”。遇到不可容忍的事情,他也会愤怒。宰予白天睡觉,违背了孔子学于勤的教诲,孔子骂道:“朽木不可雕也,粪土之墙不可圬也!”当季氏僭越君主之礼,使“八佾舞于庭”时,孔子愤恨地说:“是可忍,孰不可忍?”这句话成了后世儒生宣泄愤慨的口头禅。当与子路讨论正名的问题时,孔子训斥道:“野哉,由也!”他往往能用简短的几个字把自己的情感充分表达出来。他不是个诗人,却有着诗人率真的气质,这使人更喜欢他,感到他真实地存在过,并一直真实地存在着。

从孔子对弟子的爱护与教诲中,从他恬然的快乐中,从他在颜回死后“天丧予,天丧予”的恸哭中,从他对世俗的愤恨中,我们看到了一个更为真实而可爱的孔子。孔子就是这般谦恭而好学,博学而爱人,把自己的一生献给了教育事业。在此,向所有可敬可爱的老师们致以深深的敬意。希望这篇不成体统的文字,能够或多或少地让大家了解一个别样的孔子,甚或喜欢上他。这便是我的幸甚之事,望外之喜了。

二、西方哲学家的人生智慧

老子和苏格拉底是各自文明史上两个非常重要的人物。孔子曾问礼于老子，之后感而叹曰：“龙吾不能知，其乘风云而上天，吾今日见老子，其犹龙耶。”可见，在孔子眼中，老子是一位神龙见首不见尾的人物，其深奥渊博以至智慧如孔子者亦不能尽知；而对柏拉图、色诺芬这些弟子而言，老师苏格拉底之道德人格、智慧学识，也是非一般人所能轻易洞察领会的。

（一）苏格拉底

1. 苏格拉底其人

苏格拉底（公元前469—公元前399年）是古希腊著名的思想家、哲学家、教育家、公民陪审员，他和他的学生柏拉图，以及柏拉图的学生亚里士多德被并称为“古希腊三贤”，被后人认为是西方哲学的奠基者。

年轻的苏格拉底曾向著名的智者普罗泰格拉和普罗第柯等人求教，讨论各种重要的社会人事和哲学问题，亦受奥尔斐秘教及毕达哥拉斯派的影响。苏格拉底一生过着艰苦的生活。无论严寒酷暑，他都穿着一件普通的单衣，经常不穿鞋，对吃饭也不讲究。但他似乎没有注意到这些，只是专心致志地做学问。生平事例，成就思想，均由其弟子记录。苏格拉底无论是生前还是死后，都有一大批狂热的崇拜者和一大批激烈的反对者。他一生没留下任何著作，但他的影响是巨大的。哲学史家往往把他作为古希腊哲学发展史的分水岭，将他之前的哲学称为前苏格拉底哲学。作为一个伟大的哲学家，苏格拉底对后世的西方哲学产生了极大的影响。

2. 苏格拉底的思想简括

苏格拉底帮助人们认识做人的道理，过有道德的生活。他的哲学主要研究探讨的是伦理道德问题。

在苏格拉底以前，希腊的哲学主要研究宇宙的本源是什么，世界是由什么构成的等问题，后人称之为“自然哲学”。苏格拉底认为再研究这些问题对拯救国家没有什么现实意义。出于对国家和人民命运的关心，他转而研究人类本身，即研究人类的伦理问题，如：什么是正义，什么是非正义；什么是勇敢，什么是怯懦；什么是诚实，什么是虚伪；什么是智慧，知识是怎样得来的；什么是国家，具有什么品质的人才能治理好国家，治国人才应该如何培养；等等。后人称苏格拉底的哲学为“伦理哲学”。他为哲学研究开创了一个新的领域，使哲学“从天上回到了人间”，在哲学史上具有伟大的意义。

苏格拉底认为,美德即知识。他认为,哲学的根本任务是研究人,解决一切问题的关键就在于认识你自己。按照苏格拉底的理解,人是有目的的动物,人生的根本目的在于追寻幸福。财产、健康都不是幸福的根本源泉,只有美德才是。只有掌握美德,人生才会幸福。伦理的、道德的、正当的生活才是人生的根本目的。为了把握美德,人们必须掌握知识。知识作为了解美德的手段是如此重要,以至于它本身成为目的的一部分。无知并不可怕,知其无知为无知,是知也,最不能令人容忍的是,人们总是强不知以为知,这才是真正的疯狂。

苏格拉底认为,真正的关于美德的知识不是一种技能,不能够拿来传授,而是一种内省的、关于心灵的领悟。

苏格拉底没有著作,苏格拉底的思想绝大多数记载于他的弟子柏拉图的《对话录》,《对话录》是以苏格拉底和别人的对话为内容展开的。

3. 苏格拉底的七条必读生活智慧

(1) 学会满足。

不满足于自己所拥有的东西的人,必然不会满足他将拥有的东西。有豪宅靓车不会让你感到满足,满足是由内心发出的,是你的选择。事物本身并不能让你感觉到快乐,幸福只是一种选择。

(2) 忠言逆耳。

那些总是赞美你的言行的人必定不是忠诚的朋友,忠诚意味着温和地指出你的过失。

《圣经》里如是说:来自朋友的伤口是忠诚,而敌人的亲吻则是毒药。真正的朋友会谴责你的过失,他们会在你出格的时候提醒你。警惕那些只说好话的朋友。真正的朋友会告诉你事实,即便事实是残忍的。苏格拉底说过:“若我讲了真话,请不要怪我。”

(3) 学习。

将你的时间用于阅读他人的作品。通过阅读,你就能轻松获得他人为之付出汗水的东西。

(4) 行动。

行动决定结果。去做你想要看到的改变,而不是说说而已。譬如,去做领导者。苏格拉底说,如果想要改变世界,首先得要改变自己。如果你自己能够很快地行动起来,那么你也能感染他人而使他人行动起来。

(5) 获得好的名声。

获得名誉的方式是努力成为你理想中的样子。所罗门说,好的名声胜过宝石。要获得好名声,就得按自己希望成为的样子去做。如果你能做到的话,你永远也不

会担心你的名声了。苏格拉底说:“活着不是重要的,重要的是怎么活。”

(6) 避免不当的话语。

错误的语言本身并不邪恶,但它会使你的灵魂堕落。花费更多精力让你的语言准确。不要拉伸事实,不要歪曲事实,仅仅告知事实。夸张会改变精神灵魂。

(7) 避免碌碌无为。

不要迷失在忙碌的生活当中,避免诱惑和无助。反省你的生活。苏格拉底说:“没有反省的生活是没有意义的。”所以,每天询问自己:“我在做什么?我为什么而奋斗?”如果你做到了,那么你将挖掘你的潜能,成为真正的自己。

4. 社会评价

我愿意用我所有的科技去换取和苏格拉底相处的一个下午。

——乔布斯

苏格拉底使哲学从天上来到人间。

——西塞罗

(二) 柏拉图

1. 柏拉图其人

柏拉图(约公元前427年—公元前347年),古希腊伟大的哲学家。其创造或发展的概念包括:柏拉图思想、柏拉图主义、柏拉图式爱情、经济学图表等。柏拉图也记录了苏格拉底的一些话,以苏格拉底的名言警示后人。

柏拉图是西方客观唯心主义的创始人,其哲学体系博大精深。柏拉图认为世界由“理念世界”和“现象世界”组成。理念的世界是真实的存在,永恒不变。而人类感官所接触到的这个现实的世界,只不过是理念世界的微弱的影子,它由现象所组成,而每种现象因时空等因素而表现出暂时变动等特征。由此出发,柏拉图提出了一种以理念论和回忆说为核心的认识论,并将它作为其教学理论的哲学基础。

柏拉图还是西方教育史上第一个提出完整的学前教育思想并建立了完整的教育体系的人。柏拉图中年开始从事教育研究活动。他从理念先于物质而存在的哲学思想出发,在其教育体系中强调理性的锻炼。他要求3~6岁的儿童都要受到保姆的监护,会集在村庄的神庙里,进行游戏、听故事和童话。柏拉图认为这些都具有很大的教育意义。7岁以后,儿童就要开始学习军人所需的各种知识和技能,包括读、写、算、骑马、投枪、射箭等。从20岁到30岁,那些对抽象思维表现出特殊兴趣的学生就要继续深造,学习算术、几何、天文学与声学等学科,以锻炼思考能力,开始探索宇宙的奥妙。柏拉图指出了每门学科对于发展抽象思维的意义。

2. 柏拉图的思想简括

苏格拉底因追求真正的智慧而罹祸，但他的学生们并不因此而中止对智慧的寻求，其中最优秀的继承者当属宽额头的柏拉图，他循着苏格拉底的思路，问：真正的智慧到底是什么？真知在哪里？真理在哪里？

柏拉图发现人的精神生活中有这样一个规律：卑劣的肉体感受越丰富，高尚的精神生活就越贫乏，视觉、听觉、快乐、痛苦等扰乱灵魂的宁静与专注，使人们远离真理性的认识。因此，在他看来，人只有使自己的思想不受感觉的干扰，保持它应有的纯粹性，才能获得真正的智慧。为了说明获取真智慧的途径，柏拉图用了大量比喻，如灵魂马车、太阳和洞穴，这些都是思想史上的经典比喻。柏拉图力图剥开人们思想上的一层又一层外壳，最后达到真知，他称这个最终的东西为"相"。

柏拉图曾讲过这样一个故事：古埃及发明计数、几何和天文学的白鹭神塞乌色对国王说：应该将这些技艺传给全体埃及人。国王问他怎么传授，塞乌色说如果用文字记录下来就好了，因为书写是一门学问，它可以使埃及人更为聪明也更便于记忆。国王却抱怨说，如果人们学会了文字，灵魂就变懒了，他们就不会再去练习记忆。人们会依靠外在的标志去记忆某种东西，而不再依靠灵魂固有的记忆了。语言能否表述真知，有着许许多多外在包装的东西是否就是真智慧，对此柏拉图都打了一个大问号。他认为，人们应该拨开迷雾，去观照正义自身、美自身、智慧自身。要达到这一境界，哲学思维——纯粹思维是最为重要的。所以，哲学是最高的智慧，最辉煌的人格是哲学王。

柏拉图把这种智慧与治国平天下结合起来，一辈子呕心沥血，寻找哲学王，塑造哲学王，在自己的学园里构筑哲学王国的框架，尽管屡受挫折，仍然矢志不渝。柏拉图将智慧人格当作一门学问来研究，从而奠定了人类理性大厦的基石。有人说，几千年来的西方哲学史无非是对柏拉图的注释而已。柏拉图的对话跌宕起伏，不但是深邃的哲学思辨，而且是优秀的文学杰作，和著名的希腊戏剧一样，既是非常优美的文学作品，又有极其感人的哲理魅力。作为创作者来说，采用对话体的形式，一是让人们了解思维的具体历程，不急于塞给人们一个抽象的结论；二是通过对话来"接生"孕育在对话者心中的有生命的智慧，破除幻象。对话体的得体运用，在文化史上是空前绝后的。

在人类的思想史上，柏拉图是无法绕过的一章。罗素说柏拉图有五大贡献，即提出了乌托邦、理念论、灵魂不朽论、神创宇宙论、理性知识论。这其中的任何一条都对今天人类的思维和社会产生过深远的影响。

3. 柏拉图的智慧名言赏析

- 在短暂的生命里寻找永恒。

● 爱是美好带来的欢欣，智慧创造的奇观，神仙赋予的惊奇。缺乏爱的人渴望得到它，拥有爱的人万般珍惜它。

● 爱情，只有情，可以使人敢于为所爱的人献出生命；这一点，不但男人能做到，而且女人也能做到。

● 尊重人不应该胜过尊重真理。

● 时间带走一切，长年累月会把你的名字、外貌、性格、命运都改变。

● 拖延时间是压制恼怒的最好方式。

● 初期教育应是一种娱乐，这样才更容易发现一个人天生的爱好。

● 人心可分为二，一部较善，一部较恶。善多而能制止恶，斯即足以云自主，而为所誉美；设受不良之教育，或经恶人之熏染，致恶这一部较大，而善这一部日益侵削，斯为己之奴隶，而众皆唾弃其人矣。

● 良好的开端，等于成功的一半。

● 最有美德的人，是那些有美德而不从外表表现出来，仍然感到满足的人。

● 好人之所以好是因为他是有智慧的，坏人之所以坏是因为人是愚蠢的。

● 一切背离了公正的知识都应叫作狡诈，而不应称为智慧。

● 不知道自己的无知，乃是双倍的无知。

● 没有什么比健康更快乐的了，虽然他们在生病之前并不曾觉得那是最大的快乐。

● 我们应该尽量使孩子们开始听到的一些故事必定是有道德影响的最好的一课。

● 法律是一切人类智慧聪明的结晶，包括一切社会思想和道德。

● 只有死者能看到战争的结束。

● 每天告诉自己一次："我真的很不错。"

● 生气是拿别人做的错事来惩罚自己。

● 每个在恋爱中的人都是诗人。

● 无论你从什么时候开始，重要的是开始后就不要停止；无论你从什么时候结束，重要的是结束后就不要悔恨。

● 只要有信心，人永远不会挫败。

4. 社会评价

柏拉图著作的影响不论好坏，是无法估量的，西方思想或是柏拉图的，或是反柏拉图的，但是在任何时候都不能说是非柏拉图的 。

——波普（当代思想家）

欧洲哲学传统的最稳定的一般特征，是由对柏拉图的一系列注释组成的。

——怀特海

专题二　人生要有大智慧

在人生的辞典里，有密密麻麻的词汇、概念、事件；人的一生，有学业，有事业，有友情，有爱情，有亲情。我们有时会模糊界限，有时会不辨方向，有时会熟视无睹。此时我们需要做的是“借我借我一双慧眼吧，让我把这纷扰看得清清楚楚、明明白白、真真切切”。

一、如何破解人生难题

人的一生中，总会遇到许许多多困难与挫折，所谓“人生不如意事常八九”。然而，在困难与挫折当中，有人灰心了、沮丧了、消沉了，从此一蹶不振，最终满怀遗憾，在庸庸碌碌中度过一生；有人却百折不挠，屡仆屡起，最终获得过人的成就。

由此可见，能否超越困境，往往在于人们面对困境时的心态。正如诗人雪莱的名言所说：冬天来了，春天还会远吗？人面对困境时的反应都不一样，有些人承受不住，选择逃避、自我放弃或其他激烈的方式，最终难免带来遗憾。

那么，我们到底要以什么样的态度来生活、来面对困难才算正确？人生如此多的难题，到底是真的难还是庸人自扰呢？

有人将人生常遇到的问题进行了概括并做出了解答，揭示了深刻的道理。

问题一：如果你家附近有一家餐厅，东西又贵又难吃，桌上还爬着蟑螂，你会因为它很近很方便，就一而再、再而三地光临吗？

回答：这是什么烂问题？谁那么笨，花钱买罪受？

可同样的情况换个场合，自己或许就做类似的蠢事。不少男女都曾经抱怨过他们的情人或配偶品行不端，三心二意，不负责任。明知在一起没什么好的结果，怨恨已经比爱还多，但却“不知道为什么”还是要和对方搅和下去，分不了手。说穿了，只是因为不甘，为了习惯，这不也和光临餐厅一样？

——做人，为什么要过于执着？

问题二：如果你不小心丢掉100块钱，只知道它好像丢在某个你走过的地方，你会花200块钱的车费去把那100块找回来吗？

回答:一个超级愚蠢的问题。

可是,相似的事情却在人生中不断发生。做错了一件事,明知自己有问题,却怎么也不肯认错,反而花加倍的时间来找借口,让别人对自己的印象大打折扣。被人骂了一句话,花了无数时间难过。道理相同。为一件事情发火,不惜损人不利己,不惜血本,不惜时间,只为报复,不也一样无聊?

失去曾经的美好,明知一切已无法挽回,却还是那么伤心,而且一伤心就是好几年,还要借酒浇愁,弄得自己形销骨立。其实这样做一点用也没有,只能损失更多。

——做人,干吗为难自己?

问题三:你会因为打开报纸发现每天都有车祸就不敢出门吗?

回答:这是个什么烂问题?当然不会,那叫因噎废食。

然而,有不少人却说:现在的离婚率那么高,让我都不敢谈恋爱了。说得还挺理所当然 。也有不少女人看到有关的诸多报道,就对自己的另一半忧心忡忡,这不也是类似的反应?所谓乐观,就是得相信:虽然道路艰险,我还是那个会平安过马路的人,只要我小心一点,不必害怕。

——做人,先要相信自己。

问题四:你相信每个人随便都可以成功立业吗?

回答:当然不会相信。

但据观察,有人总是在听完成功人士绞尽脑汁的建议,比如说,多读书、多练习之后,问了另一个问题:那不是很难?

我们都想在 3 分钟内学好英文,在 5 分钟内解决所有难题,难道成功是那么容易吗?只有不怕困难,才能出类拔萃。

也许你看到很多人挥金如土会感叹:"唉,为什么别人那么有钱,我的钱这么难赚?"那么不妨问问自己:世上什么钱是好赚的?答案基本都是"别人的钱比较好赚"。

其实任何成功都是依靠艰辛的努力取得的。我们实在不该抱怨命运。

——做人,依靠自己!

问题五:你认为完全没有打过篮球的人,可以当很好的篮球教练吗?

回答:当然不可能,外行不可能领导内行。

可是,有许多人对某个行业完全不了解,只听到那个行业好赚钱,就投身到这个行业来。

许多对穿着没有任何品位或根本不在乎穿着的人,梦想却是开间服装店;不知道电脑怎么开机的人,却想在网上创业。失败时,却不反省自己是否专业能力不

足，只抱怨时不我与。

——做人，量力而行。

问题六：你是否认为，篮球教练不上篮球场，闭着眼睛也可以主导一场完美的胜利？

回答：当然是不可能的。

可是却有不少朋友，自己没有时间打理，却拼命投资开咖啡馆，开餐厅，开自己根本不懂的公司，火烧屁股一样急着把辛苦积攒的积蓄花掉，去当一个稀里糊涂的投资人。亏的总是比赚的多，却觉得自己是因为运气不好，而不是想法出了问题。

——做人，记得反省自己。

问题七：你宁可永远后悔，也不愿意试一试自己能否转败为胜吗？

回答：恐怕没有人会说"对，我就是这样的孬种"吧。

然而，我们却常常在不该打退堂鼓时拼命打退堂鼓，因为恐惧失败而不敢尝试。

以关颖珊赢得2000年世界花样滑冰冠军时的精彩表现为例：她一心想赢得第一名，然而在最后一场比赛前，她的总积分只排名第三位，在最后的自选曲项目上，她选择了突破，而不是少出错。在4分钟的长曲中，选择了最高难度的三周跳动作，并且还大胆地连跳了两次。她可能会败得很难看，但最后她成功了。

她说："因为我不想等到失败，才后悔自己还有潜力没发挥。"

一位中国伟人曾说，胜利的希望和有利情况的恢复，往往产生于再坚持一下的努力之中。

——做人，何妨放手一搏？

问题八：你的时间无限，人生漫长，所以最想做的事可以无限延期？

回答：不，傻瓜才会这样认为。

然而我们却常说，等我老了，要去环游世界；等我退休，就要去做想做的事情；等孩子长大了，我就可以……

我们都以为自己有无限的时间与精力。其实我们可以一步一步实现理想，不必在等待中徒耗生命。如果现在就能一步一步努力接近，我们就不会活了半生，却出现自己最不想看到的结局。

——做人，要活在当下。

我们都要经历自己的人生。我们总是带着欲望面对未来，带着愧疚审视自己的过去。要么我们因为结果未知而放弃前行，要么因为结果已知而意兴阑珊、移情别恋。你寻找理由告诉自己不配成功，却又渴望人生可以闪闪发光。所谓人生的捷径，或许永远不存在。

人生如三月原野上吹来的风，你既可以把她拒之门外，也可以与她融为一体。

二、职场智慧

有人的地方就有江湖，有人的地方就有战场；职场如战场，稍有不慎，就会误入歧途，掉进职业发展的陷阱。一入职场深似海，要想进军职场，要想在职场中有所作为，就要悟透职场规则，做到知己知彼，运筹帷幄，从而决胜职场。

人在职场，身不由己。有人无精打采地做着毫无兴趣的工作，有人不停地抱怨眼前的艰难，也有人不停地换工作，忙碌却无果。这些人浪费了宝贵的时间，最根本的原因就是不知道自己要做什么。如何才能顺利地实现心中的梦想呢？

掌握下面这些职场里的智慧，职场路上你会更轻松。

(1) 对工作要负责。

就像一名牙科医生对他医治的患者要负责那样，你一定要对自己的工作认真敬业，勇承重担，兢兢业业，恪守职业道德。

(2) 和谐、融洽的人际关系非常重要。

实践证明，与同事关系融洽将使工作效率倍增。

(3) 要优化你的交际技能。

优良的交际技能可为你谋职就业提高成功概率。美国硅谷科技园区的许多高科技公司在聘人时不仅考察技术，同时还考察受聘者的交际技能。成功受聘者的做法是在听对方说话时认真努力地理解对方话语的含义，此后再表达自己的有关见解。

(4) 要灵活。

未来的工作者可能必须要经常转换职业角色，这就是说你要善于灵活地从一个角色迅速转换到另一个角色，方能适应时代环境的变化。

(5) 要善于学习和应用新技术。

或许你想当一名作家，但在当今时代作家欲获得成功也必须不断学习并掌握新技术、新技能才行，比如作家必须同时是计算机文字处理员、打字员、网上发行员，才能获得成功。

(6) 摒弃各种错误观念。

当你考虑某个新职业或新产业时，观念一定要更新，以防被错误思维误导。例如，现今考虑医疗保健行业时，应清醒地认识到它已走向了市场化，这与多年前的

医疗保健行业的情况已截然不同。

(7) 选择就业单位时事前应多做摸底研究。

你欲加盟一家公司前,多花点力气去研究这家公司十分必要和重要。你不妨事先多去几次这家单位的门厅接待处同有关招待人员周旋,目的是了解该公司的规范、行为、准则等事项;你也可阅读有关该公司的公开财务报表;你还可到邻近该公司的饭店或商店向服务人员侧面了解一些有关该公司的情况。

(8) 要不断开拓进取、不断开发新技能。

未来社会需要的人才将不仅需要具备专业知识和技能,同时还要掌握通用技能。你必须具备专业知识和技能,而研究能力、交际能力和洞察事物的能力等同样重要。一名专业工作者只有借助于专业知识及通用技能综合武装自己,才能适应未来的挑战和竞争。

换句话说,为你的未来职业考虑,你绝不应只"低头拉车",专心研究某一门专业知识;你还应同时"抬头看路",看看这种专业知识在未来社会是否还将为人们所需要。一般说来,以长远眼光看问题,多掌握一种技能要比只精通狭窄的专业知识更有前景。

三、智慧之源探求

何为智慧之源?

人是万物之灵,人类智慧的发展与人自身的发展密不可分。

1. 智慧发展的生理基础

在与自然斗争的过程中,人类祖先逐渐学会利用工具来生活,由使用工具逐渐发展到自己制造工具,这标志着智力的发展,也标志着生活方式的改变。在这个过程中,猿脑逐渐过渡到人脑。人脑是动物界高度发展的产物。大脑是思维器官,它的发达标志着学习能力的增强、思维能力的提高。

2. 劳动促进语言的产生

语言是人类思维和表达思想的手段,是人类最重要的交际工具,也是人类区别于其他动物的本质特征之一。由于人的这种机能的进化与人类劳动有密切的联系,所以劳动是语言产生和发展的动力之一。

3. 原始文化、宗教艺术

在各种人类遗址、洞穴中发现的很多壁画中可见,原始艺术品的内容很多与狩猎有关,表明艺术的起源与生产劳动有着密切的联系。

最早的宗教信仰产生于早期智人阶段，此时出现了埋葬死者的习俗，而且尸体总是朝着一定的方向，说明他们已经相信灵魂的存在。

原始人类对刮风、下雨、地震、洪水、大火等现象感到惊奇和神秘，从而产生了对自然、灵魂和鬼神的崇拜，这些构成了原始宗教的基本内容。

总之，人类智慧的产生和发展始终与生产劳动和生活实践密切相关，随着人类认识世界水平的提高以及科学技术的进步，人类的智慧必将得到更进一步的发展，人类必将迎来更加美好的明天。

我们身处的世界生存着形形色色的生灵，世间的一切事物每时每刻在变化中，由此，这个世界到处生机勃勃。我们身处的世界为什么会如此多姿多彩？当自然界任一生物向万物发出第一个疑问的时候，智慧就开始了，这是智慧的起源。我们可以这样说，智慧起源于疑问。万物生灵永不停歇地用智慧应答着疑问，令世界生机勃勃。智慧来自于先民对于自然万象的感悟，经过长时间的积累、沉淀、思考、总结形成。

而书籍、学校的出现亦是人类用更智慧的方式启发后人智慧的过程。如剑桥大学的拉丁文校训所示：“此地乃启蒙之所，智慧之源。”因而作为学生，我们身处书香校园中，自是处于智慧之源中。

专题三　智商与情商

一、智商与学习、工作

1. 智商简介

智商是智力商数的简称，是通过一系列标准测试被测量人在其年龄段的智力发展水平。智力也叫智能，是人们认识客观事物并运用知识解决实际问题的能力。智力影响多个方面，如观察力、记忆力、想象力、分析判断能力、思维能力、应变能力等。它是人们做事情必须具备的能力。

人们通常用一定的智力测量量表来对智力进行测试，主要测验一个人的思维能力、学习能力和适应环境的能力。智力的高低以智商来表示，正常人的智商在80～120之间，其中80～90属于中下，90～110属于正常，110～120属于中上。70～80属于低常，70以下属于智力缺陷，120～130属于超常，达到130属于智力极高，140及以上属于天才。一般来说，智商比较高的人，学习能力比较强，但这两者之间不一定完全有正相关关系。因为智商还包括社会适应能力，有些人学习能力强，但他的社会适应能力并不强。

1905年，法国心理学家比奈和西蒙制定出了第一个智力量表——比奈-西蒙智力量表，该量表1922年传入我国，该量表1982年由北京的吴天敏先生修订，共51题，主要适合测量小学生和初中生的智力。1916年美国的韦克斯勒编制了第一版韦克斯勒成人智力量表（WAIS），1949年韦克斯勒发布第一版儿童智力量表（WISC），1967年韦克斯勒发布第一版幼儿智力量表（WPPSI）。韦氏量表于20世纪80年代中后期引进我国，经过修订出版了中文版，因而在我国应用较广。

我国采用的韦氏智力量表，由我国湖南医科大学龚耀先等人修订，且制定了中国常模。通过测量可了解自己的智力水平、潜能所在，鉴定交通事故导致智力损伤程度，测量结果可以为发挥自己的优势、科学填报高考志愿、优生优育等提供科学依据。

考虑到人类智力的复杂性质和不同组成部分，人类对于大脑的认识还有局限，智商不能作为个人成就的决定因素。

2. 智力的组成、结构和作用

智力是由观察力、记忆力、注意力、想象力和思维力等组成的。观察力是智力活动的门户和源泉，记忆力是智力活动的仓库和基础，想象力是智力活动的翅膀和富有创造性的重要条件，思维力是智力活动的方法和核心，注意力是智力活动的引导、组织和维持者。以上五种能力是核心智力因素，是一切智力活动的基础。

(1) 观察能力是智力活动的扫描器。

没有认真的阅读和对实际情况的仔细观察(宏观和微观领域的观察通常要借助高科技仪器)就不会有准确的信息，所以观察能力是认识的泉源，也是发展智力的基础。观察可以导致猜想，科学家一般具有超人的观察力。观察能力的高低也是影响我们学习成绩的重要因素。它制约着掌握知识的速度、深度和巩固程度。在学习中必须从小就有目的、有计划地加强训练，不断提高对客观事物由简到繁的观察能力，养成善于观察的好习惯。

(2) 记忆能力是智力活动的存储器，是智力活动的基础。

信息若不能记住，智力活动就无法进行，人类将始终处于初始状态。记忆是一种复杂的心理过程，是人脑对客观事物的识记、保持、回忆和再认的心理过程。记忆主要以回忆(又叫重现、再现)和再认(又叫认知)的方式表现出来。以前感知(识记)过的事物不在眼前，把它重新呈现出来叫作回忆；学生合上书本回答老师的提问，就是回忆；看到过去识记过的对象，一下就准确无误地认出来，这就是再认。"记忆是智慧之母"，是人们对记忆作用的精辟表述。许多司空见惯的东西，一般人不一定能够用语言或画面把它们准确地表达出来，而在画家的画作和作家的作品中，却能鲜活地表达出来。因为作家和画家有着非凡的观察和记忆能力，他们观察仔细、记得牢，所以能够在作品中再现它们。有位生物学家把人的记忆比喻为物种的遗传，而理解则是物种的变异，没有遗传就不可能有物种的存在，没有变异就不会有物种的发展。没有记忆，就没有知识的传承；没有对知识的深刻理解，就没有创新和发展。

(3) 想象是根据头脑中的记忆表象创造出新的形象来，这种能力是智力活动中创造性思维的必要条件，是对未来事物可能性发展的预见能力。

在科技十分发达、实验手段日趋完善的今天，想象不仅没有失去它的作用，而且更多地发挥它推动人类认识科学发展的作用。想象力和科学知识一样重要，因为它概括着世界上的一切，并且是知识进化的源泉。它能帮助我们建立看来无关的事物之间的联系，使我们能够由此及彼、举一反三地想到更加广泛和深刻的东西。可以说，任何科学的发现和发明都离不开想象。

(4) 思维力是智力活动的核心，是对收集到的信息进行概括、判断、推理、去粗

存精、去伪存真的逻辑推理能力。

孔子说:“学而不思则罔,思而不学则殆。”学习过的东西,如果不加消化,则将一无所获。思维力包括分析、综合、抽象、演绎、归纳、类比等六种能力。面对新事物,人脑会运用思维能力进行间接概括,使感性认识上升为理性认识。推理和判断是智力的重要方面,它是由已知判断推出新判断的思维形式。前者是前提,后者为结论。依靠推理和判断能力,我们才可总结和运用规律,预期未来,发现新的事物。抽象思维与形象思维是人类两种重要的思维类型,它们之间有着十分密切的关系。人们的实际思维现象表明,抽象思维总是以形象思维为基础,形象思维常常和抽象思维相联系 。两类思维往往是互相交织在一起的。从社会分工看,科学家善于抽象思维,文学艺术家善于形象思维。

(5) 注意力是我们心灵的唯一门户。

意识中的一切,都必然经过注意才能进来,没有注意的参与,人们就不能很好地反映客观世界,揭示客观事物的意义和作用。注意本身不是一个独立的心理过程,而是感觉、知觉、记忆、思维、想象、情感、意志等的一种共同特征。人在注意什么的时候,就在感知什么,记忆什么,思维什么或想象着什么。人在知觉过程中从许多事物中区分出知觉对象,在记忆、思维、想象等过程中也都有注意现象。注意保证心理过程指向某种刺激物,以便深入集中地对其进行分析和综合,以揭示此刺激物的意义和作用。较好的注意力,保证学生更好地学习知识。注意涣散,往往是学习成绩差、智力发展水平低的重要原因。

3. 智力提升的途径

在智力结构中,组成智力的诸要素不是机械地相加,而必须有机地结合。如果只有其中一个要素或几个要素水平高,其整体水平还是不会高的。在实际生活中,有的人长期从事实际工作,就是总结不出经验,究其原因就是在其智力结构中,思维和想象能力不够,面对众多的信息,抽象、概括不起来,无法进行推理,所以他无法说清他有几条经验,把握不了全局,也说不出对今后工作的建议。另外,有的人读了许多书,就是有“货”倒不出,成了书呆子,其根源仍是智力结构不合理,逻辑思维能力不强,死记硬背、食而不化,想象力、实践力差,便不会有开拓精神,无法开创一番新的事业。

老师和家长都应重视孩子的智力结构。要认真分析孩子的思维类型,做到心中有数。在智力诸要素中,某些方面差一些,如观察能力不够,就要让孩子多到户外活动,回来写日记,详细描述细节,欣赏优秀画作、阅读中外名著和优秀散文,使孩子从实践和他人的作品中学会细致观察。孩子缺乏想象力,可多让他们朗诵诗歌,多做智力游戏,使他们展开思维的翅膀,扩展想象空间。总之,要用各种办法,对其薄弱部分加强学习和锻炼,以完善其智力结构,使其智商得到提高。

二、情商的价值与培育

1. 情商的含义

情商即情绪智商的简称。情商也是一种能力，是区别于智力的另一种能力，是做人的能力，或者说是一种生存能力与技巧。

美国哈佛大学心理学教授丹尼尔·戈尔曼提出了如下公式：成功(100%) = IQ(智商)(20%) + EQ(情商)(80%)。

对于情商的概念，可以这样理解：

(1) 把握与控制自己情绪的能力；

(2) 了解、疏导与驾驭别人情绪的能力；

(3) 自我激励与管理能力；

(4) 对逆境、挫折的承受能力；

(5) 通过情绪的自我调节与控制，不断提高生存质量的能力。

俗话说，"人有七情——喜怒忧思恐悲伤"，"悲哀则心动，心动则五脏六腑皆摇"。

对于自己的情绪一定要把握和控制。能否把握与控制自己的情绪，不但决定一个人的事业成败，甚至会决定人生的命运。

2. 情商的典型表现

(1) 自动自发。

高情商者做一切事情的动力都来自于内部，有很强的自觉性、主动性和自发性。这种人做事动机明确、兴趣强烈，独立积极、不甘落后。这种人有勇气，自信心强，他懂得：一个人丧失了财富，损失很大，但丧失了勇气和自信心，便什么都完了。这种人乐观，他懂得：人是生活在希望中的，希望是人精神的寄托、生命的支柱。因此，善于自我激励、自我鞭策、自我肯定、自我强化、自我管理，容易获得成功。

相反，低情商者做事主要靠外界的推动，靠外部的督促和压力，即使这种人有高智商，最终也难以成功。

(2) 目光远大。

高情商者目光长远，不沉溺于短暂的利益之中，他们想问题、做事情，眼光放得远大，他们懂得"人无远虑，必有近忧"，懂得人应该未雨绸缪。

而低情商者恰恰相反，他们急功近利，鼠目寸光，沉溺于暂时的得失，满足眼前

的一点点欲望,不能抵抗眼前的利益诱惑。这种人的社会适应能力必然脆弱,也就必然难以成功。

(3) 控制情绪。

高情商者善于控制自己的情绪,任何时候都能做到头脑冷静,抑制情感的冲动,克制急切的欲望,及时化解和排除自己的不良情绪,使自己永远保持良好心境,心情开朗,胸怀宽广,心理健康。低情商者恰恰相反,他们控制不住自己的情绪,极易发作,他们不懂得"事业往往毁于急躁"。

很多时候,人们容易被触怒、发脾气。其实,发脾气不解决任何问题。不可乘喜而轻诺,不可乘快而多事。

当你对从前勃然大怒或耿耿于怀的事能一笑了之时,你就成熟了!

(4) 认识自我。

高情商者善于从不同的角度了解、认识自己,对自己能客观评价、正确定位,有自知之明,因此,能处理好周围的一切关系,成功的机会总是比较大。

低情商者往往对自己估价过高,既缺乏自知之明,又缺乏知人之明,难以了解别人的情感,因此,难以适应社会,当然也就难以成功。

(5) 人际技巧。

高情商者善于洞察并理解别人的心态,设身处地为别人着想,明白对方的感受,平等客观地对待人,尊重他人意见,善解人意,与人为善,成人之美。这种人讲原则,更讲方法、技巧和艺术,善于人际沟通与合作,人际关系和谐融洽,自然也就容易获得成功。

低情商者恰恰相反,郁郁寡欢,情绪低落,与人难以相处,甚至众叛亲离,成为孤家寡人。

研究表明:一个人的成功,在德才一定的情况下,30%取决于机遇,70%取决于人际关系。

3. 情商的培养

人的情商,开始于幼儿期,形成于儿童期和少年期,成熟于青年期。人的情商的形成是一个漫长的过程,不是一蹴而就的。

人的情商培养必须从幼儿、儿童期开始。如果,幼儿、儿童期缺乏情感训练,则容易导致情商缺陷,影响人的一生。

(1) 培养积极的思维方式。

思维方式即思考问题的方式方法。思维方式比知识、能力本身更重要。积极的思维方式即用积极的态度来认识和处理问题,用积极的态度对待人生的一切遭遇。

巴尔扎克说过:“世界上的事情永远不是绝对的,结果完全因人而异。苦难对于天才是一块垫脚石,对于能干的人是一笔财富,对于弱者是一个万丈深渊。”

(2) 勤奋地工作与学习。

勤奋能使人忘却烦恼和忧愁,勤奋能使人取得成绩,成绩会给人带来无穷的欢乐。人们往往有这样的体验:奋发学习与工作的时候,也就是一个人最快活的时候。

当一个人无事可干或有事不干的时候,就会产生烦恼,百无聊赖,无事生非。相反,“发愤忘食,乐以忘忧,不知老之将至”(《论语》)。

(3) 善于移情。

所谓移情是指理解和感受别人的感情。

一要设身处地,将别人的痛苦与欢乐作为自己的痛苦与欢乐,这样就很容易理解与同情别人。

二是推己及人,“己所不欲,勿施于人”。与人友好相处,自然也就得到别人的喜欢。

三是角色转换,善于站在对方的立场上考虑问题,这样容易使自己保持心理的平衡。

(4) 对己对人不宜苛求。

——人对自己不要过分苛求。

每个人都有自己的追求、理想、抱负、目标,但应恰如其分。如果目标太高,则难以实现,必然自寻烦恼。

人往高处走,谁都想好,但做事不应要求十全十美。

人可以互相比较,但不应盲目攀比,因为人与人之间有着明显的个性差异。事情总是相对的。

——对别人也不宜太苛求。

不要把别人对自己的帮助看作天经地义。

不要要求别人完美无缺。“金无足赤,人无完人”,“尺有所短,寸有所长”,“人均有长短,峰高必谷深”。对别人期望过高,失望也就越大。

(5) 自省、自悟、自我体验与自我感受。

一个人的高情商从根本上来说是靠自己刻苦学习、努力修炼、不断实践、反复内化得来的。

“毁誉听之于人,是非审之于己,得失安之于素。”

“宠辱不惊,看庭前花开花落;去留无意,望天上云卷云舒。”

“饱谙世味,一任覆雨翻云,总慵开眼; 会尽人情,随教呼牛唤马,只是点头。”

“猝然临之而不惊,无故加之而不怒。”

“物莫大于天地日月,而子美曰:‘日月笼中鸟,乾坤水上萍。’事莫大于揖逊征诛,而康节云:‘唐虞揖逊三杯酒,汤武征诛一局棋。’”人若能依此胸襟眼界吞吐六合,上下千古,事来如沤生大海,事去如影灭长空,自经纶万变,不动一尘矣!

三、情商测试

与智商一样,情商也有相应的测量工具。下面是比较流行的国际标准情商测试题。可口可乐公司、麦当劳公司、诺基亚公司等世界500强企业曾以此为员工情商测试的模板,帮助员工了解自己的情商状况。

情商测试题

测试说明:共33题,测试时间25分钟。

第1—9题:对于下面的表述,选择一个和自己最切合的答案。

1. 我有能力克服各种困难(　　)

A. 是的　　B. 不一定　　C. 不是的

2. 如果我到一个新的环境,我要把生活安排得(　　)

A. 和从前相仿　　B. 不一定　　C. 和从前不一样

3. 一生中,我觉得自己能达到所预想的目标(　　)

A. 是的　　B. 不一定　　C. 不是的

4. 不知为什么,有些人总是回避或冷淡我(　　)

A. 不是的　　B. 不一定　　C. 是的

5. 在大街上,我常常避开我不愿打招呼的人(　　)

A. 从未如此　　B. 偶尔如此　　C. 有时如此

6. 当我集中精力工作时,假使有人在旁边高谈阔论(　　)

A. 我仍能专心工作　　B. 介于A、C之间　　C. 我不能专心且感到愤怒

7. 我不论到什么地方,都能清楚地辨别方向(　　)

A. 是的　　B. 不一定　　C. 不是的

8. 我热爱所学的专业和所从事的工作(　　)

A. 是的　　B. 不一定　　C. 不是的

9. 气候的变化不会影响我的情绪(　　)

A. 是的　　B. 介于A、C之间　　C. 不是的

第10—16题:请如实回答下列问题,将答案填入右边括号中。

10. 我从不因流言蜚语而生气(　　)

A. 是的　　B. 介于A与C之间　　C. 不是的

11. 我善于控制自己的面部表情(　　)

A. 是的　　B. 不太确定　　C. 不是的

12. 在就寝时,我常常(　　)

A. 极易入睡　　B. 介于A与C之间　　C. 不易入睡

13. 有人侵扰我时,我(　　)

A. 不露声色　　B. 介于A与C之间　　C. 大声抗议,以泄己愤

14. 在和人争辩或工作出现失误后,我常常感到精疲力竭而不能继续安心工作(　　)

A. 不是的　　B. 介于A与C之间　　C. 是的

15. 我常常被一些无谓的小事困扰(　　)

A. 不是的　　B. 介于A与C之间　　C. 是的

16. 我宁愿住在僻静的郊区,也不愿住在嘈杂的市区(　　)

A. 不是的　　B. 不太确定　　C. 是的

第17—25题:对于下面的表述,选择一个和自己最切合的答案。

17. 我被朋友、同事起过绰号、挖苦过(　　)

A. 从来没有　　B. 偶尔有过　　C. 这是常有的事

18. 有一种食物使我吃后呕吐(　　)

A. 没有　　B. 记不清　　C. 有

19. 除去看见的世界外,我的心中没有另外的世界(　　)

A. 没有　　B. 记不清　　C. 有

20. 我会想到若干年后有什么使自己极为不安的事(　　)

A. 从来没有想过　　B. 偶尔想到过　　C. 经常想到

21. 我常常觉得自己的家人对自己不好,但是我又确切地知道他们的确对我好(　　)

A. 否　　B. 说不清楚　　C. 是

22. 每天我一回家就立刻把门关上(　　)

A. 否　　B. 不清楚　　C. 是

23. 我坐在小房间里把门关上,但我仍觉得心里不安(　　)

A. 否　　B. 偶尔是　　C. 是

24. 当一件事需要我做决定时，我常觉得很难(　　)

A. 否　　B. 偶尔是　　C. 是

25. 我常常用抛硬币、翻纸、抽签之类的游戏来预测凶吉(　　)

A. 否　　B. 偶尔是　　C. 是

第26—29题：下面各题，请按实际情况如实回答，仅需回答“是”或“否”即可，在你选择的答案后面打“√”。

26. 为了工作我早出晚归，早晨起床我常常感到疲惫不堪。

是________ 否________

27. 在某种心境下，我会因为困惑陷入空想，将工作搁置下来。

是________ 否________

28. 我的神经脆弱，稍有刺激就会使我战栗。

是________ 否________

29. 睡梦中，我常常被噩梦惊醒。

是________ 否________

第30—33题：本组测试共4题，每题有5个答案，请选择与自己最切合的答案，在你选择的答案下打“√”。

答案对应关系如下：A. 从不；B. 几乎不；C. 一半时间；D. 大多数时间；E. 总是。

30. 工作中我愿意挑战艰巨的任务。A　B　C　D　E

31. 我常发现别人好的意愿。A　B　C　D　E

32. 能听取不同的意见，包括对自己的批评。A　B　C　D　E

33. 我时常勉励自己，对未来充满希望。A　B　C　D　E

参考答案及评估标准：

计分时请按照记分标准，先算出各部分得分，最后将几部分得分相加，得到的分值即为你的最终得分。

第1—9题，每回答一个A得6分，回答一个B得3分，回答一个C得0分。计______分。

第10—16题，每回答一个A得5分，回答一个B得2分，回答一个C得0分。计______分。

第17—25题，每回答一个A得5分，回答一个B得2分，回答一个C得0分。计______分。

第26—29题，每回答一个“是”得0分，回答一个“否”得5分。计______分。

第30—33题，从左至右分数分别为1分、2分、3分、4分、5分。计______分。

总计为______分。

如果你的得分在90分以下，说明你的EQ较低，你常常不能控制自己，你极易被自己的情绪影响。很多时候，你容易被激怒、发脾气，这是非常危险的信号——你的事业可能会毁于你的急躁。对此，最好的解决办法是能够给不好的东西一个好的解释，保持头脑冷静，使自己心情开朗，正如富兰克林所说："任何人生气都是有理的，但很少有令人信服的理由。"

如果你的得分为90～129分，说明你的EQ一般，对于一件事，你不同时候的表现可能不一，这与你的意识有关。你比前者更具有EQ意识，但这种意识不是常常都有，因此需要你多加注意。

如果你的得分为130～149分，说明你的EQ较高，你是一个快乐的人，不易恐惧、担忧，对于工作你热情投入、敢于负责，你为人正义正直、同情关怀，这是你的优点，应该努力保持。

如果你的EQ在150分以上，那你就是个EQ高手，你的情绪智慧是你事业有成的一个重要前提条件。

总体来讲，人与人之间的情商并无明显的先天差别，更多与后天的培养相关。

情商是一种能力，情商是一种创造，情商又是一种技巧。既然是技巧就有规律可循，就能掌握，熟能生巧。只要我们多点勇气，多点机智，多点磨炼，多点感情投资，我们就可能成为高情商的人，就能营造一个有利于自己生存的宽松环境，建立一个属于自己的交际圈，创造一个更好发挥自己才能的空间。

延伸阅读

由《论语》悟学习

谭军民

子曰："学而时习之，不亦说乎？"这句话作为《论语》开篇语开宗明义，强调学习是一件快乐、享乐的事。

说到快乐学习，有这么一个故事：在每一个犹太人的家庭中，为了培养孩子读书的兴趣，当小孩稍微懂事时，母亲就会翻开《圣经》，滴一滴蜂蜜在上面，然后让小孩去吻，让孩子从小就知道书本是甜的，读书是一件幸福快乐的事。这与孔子提倡的学习是一件愉快的事如出一辙。几乎所有的犹太人都以读书学习为乐，他们都信奉："知识是最可靠的财富，是唯一可以随身携带、终身享用不尽的财富。"以

读书为乐已经深深融入了犹太人的血液里，这一优良传统使他们在人类长河中格外光芒四射。据统计，从1901年到2008年，全世界共有730多人获得诺贝尔奖，其中犹太人就有164人，约占四分之一，而他们的人口只有世界人口的千分之三。他们还拥有马克思、爱因斯坦、伯恩斯坦、毕加索等世界杰出人才。

孔子强调学习必须老老实实，实事求是。子曰："由，诲汝，知之乎？知之为知之，不知为不知，是知也。"这句话的意思是："仲由，教你的，知道了吗？知道就是知道，不知道就是不知道，这是智慧啊！"

南北朝时，佛教禅宗弘忍大师有弟子500多人，大弟子神秀是大家公认的衣钵继承人。神秀也自以为学好了。有一天，他作了一首禅诗："身是菩提树，心为明镜台，时时勤拂拭，勿使惹尘埃。"意思是说，我身如智慧的菩提树，心又像明亮的明镜台，我会不时打扫身心，不让自己沾染尘埃。神秀写这首诗的目的是向弘忍大师表明，自己学习修炼到家了，您就放心交班吧。这件事很快就传开了，弘忍大师的另一个弟子慧能听到后也作了首诗："菩提本无树，明镜亦非台。"大家一看，这才是禅宗的最高境界，境由心生，当你把那些俗物不放在心上时，你的内心就是空的，既然把一切都放下了，哪来尘埃？可见，神秀只知其一，不知其二。学习中，我们很多人会和神秀犯同样的错误：自认为学得不错，懂得不少，其实是知其然，不知其所以然。如果再没有一个谦虚的态度，我们就更难有真知灼见。常言道：人生有涯，而知无涯。

《论语》全书万余字，微言大义。其中要义实难一一尽表，唯此以一句话与大家共勉：书山有路勤为径，学海无涯"乐"作舟。

（引自《解放军报》）

佛教故事

沙弥道信，年方十四，来礼三祖。

沙弥说："愿和尚慈悲，乞与解脱法门。"

三祖曰："谁缚汝？"

沙弥说："无人缚。"

三祖说："何更求解脱乎？"

学人说："乞求解脱。"

禅师说："放下！"

学人说："一物也无，如何放下？"

禅师说："既然放不下，就提起走。"

一人去寺庙参拜观音菩萨。几叩首后，这人突然发现身边一人也在参拜，且模样与供台上的观音菩萨一模一样。

此人大惑不解，轻声问道："您是观音菩萨吗？"

那人答："是。"

此人更加迷惑，又问："那您自己为什么还要参拜呢？"

观音菩萨答："因为我知道，求人不如求己。"

人生60问的经典问答

(1) 被录取到很不如意的专业，心情糟得很，真是欲进无味，欲退无路啊。

——人生的关键不在于拿了一副好牌，而在于打好一副坏牌。

(2) 我即将毕业，但基层艰苦，学界清贫，商界智斗，政坛复杂，我都不想去工作了。

——一定要参加工作，如很顺利，你会很幸福；如很坎坷，你将成为哲学家；而如果躲避，你将是 nothing。

(3) 我很清高，看到许多人趣味低俗，心里很气愤，很孤独。

——如果你问一只雄癞蛤蟆美是什么，它回答说，美就是它的雌癞蛤蟆。你想和它争论一番吗？

(4) 我喜欢思考，常想很多问题，有时甚至难以入眠。我很苦恼，但又不愿意饱食终日，无所有心。

——一个人思虑过少，可能失去做人的尊严；一个人思虑过多，就会失去做人的乐趣。

(5) 我有很多梦想难于割舍，为此活得很痛苦。能否解脱呢？

——确实，有梦的地方难免痛苦。但是，无梦的地方是坟墓。

(6) 我很要强，有人说我很虚荣，我心里承认，但又改不了，因为不想让别人小瞧。

——虚夸是件美丽但不遮体的衣服，穿上它，除了增加自身负担外，还起什么作用？

(7) 我一向成绩优秀，名列前茅。但上学期考得很糟，很失败。我害怕失去优势地位，心理压力很大。

——竞争是终身的，输赢是暂时的。

(8) 很想做个纯洁正直的人，但如果别人都不这样，我岂不要吃亏？

——清白的良心是温柔的枕头，能使人睡得更香甜更安稳。

(9) 我对社会现实中的许多事情非常不满，可为什么那么多人在说好话？

——秦皇汉武，盛世矣。但元曲中也有这样的句子："伤心秦汉，生灵涂炭，读

书人一声长叹。”

(10) 有抱负,但又有志大才疏之感。

——庄子曰:“水之积也不厚,则其负大舟也无力;风之积也不厚,则其负大翼也无力。”

(11) 贫穷鄙陋,生活艰难,压力很大,怎么熬?

——铁锤能粉碎玻璃,也能锻造利剑。设想将来某一天,满怀豪情读贾岛诗《剑客》:“十年磨一剑,霜刃未曾试。今日把示君,为谁鸣不平?”

(12) 社会上喧嚣脏乱,不何处才有让我安宁的净土?

——一个人若不能在内心找到安宁,恐怕在哪里都无济于事。

(13) 我自认是悲观主义者,常感悲沉,看到很多笑脸都显浮浅。可是,毕竟看到很多书上都说要“笑对生活”。笑还是不笑?

——关键是达观、乐观,而不是笑。如果头发已经花白,染黑它也不能改变年纪。如果不觉得欢心,何必强笑?

(14) 我觉得失败很可怕,感到压力很大。

——谁能永远顺利?人生的耻辱不在于输,而在于输不起;人生的光荣不在于永不仆倒,而在于能屡仆屡起。

(15) 家庭连遭不幸,我心情忧郁,意志消沉,很宿命。怎么改变不幸的命运?

——一个人在改变对命运的态度前,不大可能改变命运。

(16) 常常努力,可总难免出错,结果并不总令人满意,真是失望,有时甚至感到绝望。为何努力都是徒劳?

——田里年年都可能长出稗草。哪个农民抱怨去年拔除稗草是徒劳?

(17) 如何摆脱被抛弃的感觉?

——读几遍陶潜的诗:“亲戚或余悲,他人亦已歌;死去何所道,托体同山阿。”

(18) 我憧憬的大学课堂是充满智慧、震撼心灵的,就像一场精彩的演讲。但现在我很失望,能学到什么呢?

——我们吃过一些丰盛的大餐,也吃过很多日常食物,味道当然平淡些。哪些使我们长成了健壮的身体?

(19) 我刚上大三,担心毕业后找不到好工作,考研又不想考本专业,跨专业据说又很难考,越想越不知怎么办好。

——大多数果实在成熟之前,味道都是苦涩的。何必这么快去品尝它呢?

(20) 我总是优柔寡断,患得患失,好像什么事都拿不起、放不下,很烦。

——关键不在得失,若能得而无愧疚,失而无怨悔,得失的结果,就由它去吧。

(21) 我连遭不幸,心乱意伤。怎么这么倒霉?

——“不幸”是所没人报考的大学，但它年年招生。能毕业的，都是强者。

(22) 如何面对生活的痛苦？

——不经历痛苦的心灵难以深厚仁慈。在生活的舞台上，要学会像演员那样去体验痛苦；此外，也要像旁观者那样对你的痛苦发出微笑。

(23) 人要是不长大多好呀，我很怀念童年的轻松欢快。

——是呀，要是禾苗都不长大多好呀，我们就可以吃迷人的青草，而不用煮饭了。

(24) 有人说女性清纯才可爱，成熟才可靠。我很困惑，是保持可爱呢，还是追求可靠？

——两者并不矛盾吧？如果不可靠，可爱能多久？如果不可爱，可靠又如何？

(25) 学业失意，生活艰难，前途渺茫。我总是心情忧郁，暗地里还经常流下泪水。怎么熬下去？

——先找个没人的地方，对着镜子，努力笑一下，接着尽量再笑一下，然后提醒自己：来日方长，哭着也是生活，笑着也是生活，而笑着比哭着有更多的希望。

(26) 我被人骗了，损失惨重。曾经单纯的我现在对一切都很失望，还要不要活下去？怎样活下去？

——先想想父母的养育之恩，再提醒自己：现在命运逼我成为英雄，我要有生存下去的勇气：第一，世界上只有一种真正的英雄主义，那就是认识了生活的真相以后，依然热爱生活。第二，不论经历了多少艰难与坎坷，不论体验了多少绝望与幻灭，人的一生一定要是一曲生命的赞歌。

(27) 亲人的期望、自己的信念，都是只许成功，不许失败。我感到竞争压力很大，活得很累，几乎每天都很紧张。

——以某种标准，平庸的人占绝大多数吧，包括我们多数人的父母，他们都算失败者吗？为什么占有资源，拥有财富、地位和名声算成功，而拥有善良的心灵、美好的人格、天伦之乐就不算成功？

(28) 身边很多人充满着对实用知识和技能的崇拜。我很困惑，在这个世界上，技能就是一切吗？

——曾有人评价法国政客塔列朗“什么都能做到，甚至行善”。你如何看待这一评价呢？

(29) 父母很关心我，老怕我受苦、吃亏，因此给我安排了很好的生活和前途。我有点不是滋味，但又耽于坐享其成。

——别人替你安排的，可称作享受；自己辛劳得来的，才叫作幸福。

(30) 上大学后，我发现自己默默无闻，有种既高傲又卑微的复杂心态，极想将

来出人头地,名声显赫。但现在,看不到什么希望,觉得很没意思,成天在混日子。

——据历史学家考证,皇冠不能治疗头疼。

(31) 世界变化太快了,e-mail,e-business,e-love,等等。我来自农村,电脑水平很低,心里很惶恐,将来会不会跟不上社会,被 e 掉?

——无论 e 什么,e 都只是前缀,主干仍然是 mail,business,love。

(32) 远离家乡和亲人,感到很孤单,怎样交朋友?

——交朋友的首要方法是自己要够朋友。

(33) 同宿舍的同学不守纪律,卑鄙自私,很难相处。我觉得很难熬,能否换个宿舍?

——生活好像乘公共汽车,买票上车后,很难说会遇上怎样的旅伴,是否换辆车?

(34) 害怕与人争论,害怕人心叵测,不敢敞开心扉与人交往,但又感到孤单,如何是好?

——水尝无华,相荡乃成涟漪;石本无火,相击而发灵光。

(35) 我与男朋友相恋两年,可谓山盟海誓。但最近他不再对我关怀备至,而是常借口有事,不来陪我。我很担忧,如果他厌倦了我,我该怎么办?

——如果能在心里对他说:"我盼望与你在一起,但没有你的时候,我也能过得好。"你肯定会更有魅力。

(36) 最近与女朋友分手了。和另一位好朋友的关系也难以为继。虽说男儿有泪不轻弹,但我内心感到很孤苦。

——不是同一类鸟不能比翼齐飞。让各自都有一片天空吧,然后给自己一个信念:德不孤,必有邻。

(37) 我性格内向。有位室友支配欲很强,老拿我开玩笑。我不想公开和他闹僵,但也不想一直忍下去,怎么办?

——找个适当的机会,写张纸条提醒他:戏言不能伤敌,但能伤友,包括室友。

(38) 我本想竞选学生会某职,但看到有的人又是拉关系,又是拉帮派,心里凉了半截,进还是退呢?

——到珠江边,想想唐诗"尔曹身与名俱灭,不废江河万古流",再决定。

(39) 看到有的竞争对手不择手段,我是进又为难,退又不甘。

——争到的什么,会比一颗纯洁的心和一双干净的手,更宝贵、更美好?

(40) 我很爱面子,希望每个人都对我有好印象,为此活得谨小慎微。但是,仍有人对我不以为然,我很不甘心。

——岂能尽如人意,但求无愧我心。

(41) 在大学里,我虽兢兢业业,但仍很平凡,无论哪方面都不突出,心里羡慕那些叱咤风云的同学。对自己,颇感失望。

——绚丽的花未必结甜美的果,如牡丹、芍药;结甜美果实的花未必美丽耀眼,如枣花。

(42) 我坚信犯错误的人应受到严厉的惩罚与制裁。但有时,现实令我很气愤。为什么不能?

——攻人之过勿太严,当思其堪受;教人之善勿太高,当使其可从。

(43)追求完美,喜欢至善,却不易与人相处,为什么?

——凡事有度,过犹不及。《红楼梦》称妙玉"太高人愈妒,过洁世同嫌",可鉴。

(44) 我与一位几乎无话不说的朋友闹僵了。她知道我的很多秘密,我很担忧,怎么办?

——也算是一个教训吧。古人云:喜时说尽知心,到失欢须防发泄;恼时说尽伤心,到再好时应觉羞惭。西方人称,与人相处最好保持一种"豪猪的距离"。据说豪猪浑身长满了刺,天冷时为了御寒都想互相靠近取暖,但又不能靠得太近,于是豪猪们就在谁也刺不到谁的前提下尽可能地靠在一起。

(45) 一位可亲可敬的朋友,最近做了件很恶劣的事。我很震惊和伤心,对他、对我自己都产生了怀疑。

——光线强的地方,影子也比较黑。

(46) 我把握不好自我表现的分寸。自夸吧,别人说狂;谦虚吧,又怕被看作"just so so"。

——不要说自己有多好,别人一般不会相信;不要说自己有多坏,别人一般会相信的。鹦鹉能言,不离禽兽;桃李不言,下自成蹊。

(47) 我埋头读书,交友甚少,不谙世故。有人说我书呆子,我不服气,自认为不呆,但也很矛盾:我实在不愿变得世故,但又好像不得不世故。

——明代吴从先感叹:"世情熟,则人情易流;世情疏,则交情易阻。甚矣,处生之难!"知此两难,也许可使矛盾的心坦然些吧。

(48) 我曾相信"善有善报,恶有恶报",但现实告诉我,有德者未必有福,不义者未必遭祸。真是"举头问苍天,天色但苍苍"啊。

——悲愤无奈,人之常情。但也不妨冷静想想:我们既然承认名利换不来美德,为什么要向美德索取名利之类的报偿?

(49) 我即将毕业走向社会。在实习期间,了解到无论政界、商界还是新闻界,都有许多身不由己的时候,有的还很丑陋。血气方刚的我,独善其身可能吗?同流

合污等于助纣为虐吗?

——若去了狼多的地方,不妨记住一句话:“为了不被狼吃掉,只好和狼一起嚎叫。”若去了人多的地方,记住另一句话:“美德未必使面容漂亮,但邪恶一定使嘴脸丑陋。”

(50) 上大学以来,同学更多了,但好像更孤独了。

——人未成年而有孤独感,或已成年而无孤独感,都未必是好事。

(51) 我在网上能与人很好地交谈,怎么在现实中也能做到如此潇洒自如?

——有两个办法供参考:其一,不把现实中的对方当活人;其二,不把网络当避难所。

(52) 我向来特立独行,不过又时常感到孤单凄凉。难道注定今生无伴?

——独坐尚有天可对,野行还有月相随,怎说无伴?

(53) 我这个人特别记恩,常思报偿,欠了别人情面,总挂在心里。有熟人说我太见外了,我不知怎么办好。

——知恩图报,是人性的光辉,但报偿的方式、对象倒未必那么刻板。你吃过很多鸡下的蛋,喝过很多牛产的奶,都怎么报答它们了呢?

(54) 在一些活动中,听到很多明显的假话套话,那些人好像挺吃得开,难道不要说真话吗?

——真话可以不说,但说出的应是真话。如果不慎长了人耳人心,就远离鬼话弥漫的地方吧。大地丰盈,人间并不寂寥。

(55) 据说找工作、谈恋爱,都是漂亮的脸蛋吃香。我只恨爹娘没给生个俏脸。

——美脸只是推荐信,美心才是信用卡。

(56) 我相信人生最大的幸福、最高的目标在于美满的爱情。但我对它没有把握,这个时代很多异性靠不住。

——有爱情的生活是幸福的,为爱情的生活是危险的。

(57) 我向往一见钟情的浪漫奇遇,不想接受循规蹈矩的平庸。有人说我的想法是危险的,是吗?

——那要考虑两个问题:其一,三分钟就能泡熟的方便面,能有多少营养?其二,靠中彩票谋生的人,世上能有几个?

(58) 我对他情深意厚,他对我若即若离。我很不甘心,付出竟无回报?

——首先,爱未必是被爱的理由;其次,你不想把自己硬塞给他吧?

(59) 我不再爱他,但又开不了口说分手。不忍让他伤心,但自己又很累,很无奈。

——不再爱时,说“不”便是至爱。不能给他幸福时,请给他自由。

(60) 和恋人分手后,我觉得人生一片灰暗,干什么都没有兴趣了。

——痛苦之余,应该想到:太阳灿烂辉煌,是靠自身内在的巨大热情,而非反射外来的光线。

人生的小故事

有一位美国小伙儿,名叫杰斯,在读书时是个出了名的差生,他似乎从未完成过学业,当然也不可能拿到任何文凭。如果把他的学业经历写成简历,投给任何一家公司,敢说没有一家诚心诚意聘用他。

杰斯已经20岁了,连高中还没有毕业,原因是他在最后几个星期再也忍受不下去了,选择了退学。之后,他虽然进入大学学习,但不久就对老师的教学课程感到枯燥乏味,并以同样的理由更换了三个专业,都没能拿到学位,弃学回家。

那时美国最大的社交网站"脸谱"公司才创立两年时间,包括创始人马克,全公司拥有工程师不足20人,急需招募更多的编程方面的高手加盟。这时,杰斯只是一名普通的编程师,整日待在家里。

有一天,无所事事的他在随意浏览"脸谱"网站时,突然看到一道奇怪的题目,打开一看才明白,原来是一道"脸谱"公司的招聘题,虽然深奥难解,但是趣味十足,他被深深吸引住了。

杰斯虽然在学业上半途而废,但对破解编程中的疑难问题有着超强的偏爱,当他看到"脸谱"公司的招聘题目时,忍不住感到兴奋。于是,他沉下一颗心,希望破解这道难题以争取获得"脸谱"公司面试的机会,只花了45分钟他就编写好了破解程序。

不久,距离杰斯4000公里之外的"脸谱"总部收到了他破解考题的电子邮件,负责招聘的首席技术官山姆森看到他的答案后非常吃惊,找来布置这道题目的工程师:"有现成的答案吗?我想知道你的破解方案是什么。"然而,连出题的工程师自己都不知道答案。

直觉告诉首席技术官山姆森,杰斯一定是个编程的高手,是一个破解技术的奇才。杰斯非但给出答案,同时也指出这道题尚有诸多不够合理的地方。"脸谱"总部立刻邀请杰斯前来面试。

随后几年,杰斯以其在公司里的优异成绩和天才表现,证明了自己的卓越和价值。

自"脸谱"公司用难题做"鱼饵"钓到杰斯这条"大鱼"之后,收到的应聘简历中不乏名校毕业者、获得博士学位者的"豪华"简历,但其招聘工程师的首选方式并不是看简历,而是比做题。

因为"脸谱"至今坚持认为,偶尔会有一些聪明人找不到通往硅谷的大门,我

们需要做的就是想出一种办法找到他们。例如,把一道编程题设计成为:一群人喝醉了,打字打得乱七八糟,意思难辨,要求答题者识别这些醉酒者的身份,让答题者感觉像在做智力游戏,把破解难题视为把握机遇的一个途径。

截至目前,"脸谱"公司技术部门的工程师中,约占20%的员工都是通过花几个小时去思考谜题、破解难题的方式应聘进来的。"脸谱"总能通过这种特殊的招聘方式发现和找到各路才俊豪杰。"脸谱"同样坚信,一个能把难题视为机遇的人,无论面对人生还是工作,一定是拥有激情和能力,会最大限度为实现人生的价值而施展自己卓越才能的人。

人之一生,何尝不是将难题视为机遇的过程呢?人生中每一个难题都是一次新的开始,即便是在一无所有时,只要首先破解那个离你最近的人生难题,就有可能赢得迈向成功之路的机会。

推荐阅读

1.《老子的智慧》(作者:林语堂,群言出版社2013年版)

在儒家之外,老子和庄子另辟了一条更宽广的路,带来一种更卓越的人生智慧。孔子的哲学,处理的是平凡世界中的伦常关系,而老庄的哲学——这种探究生命底蕴的浪漫思想,为中国人开了另一扇门,辟了另一个心灵的空间。2000年来,老庄哲学抚慰了无数创伤的灵魂,使得人们在世俗努力挣扎时,有可回旋的余地。

学贯中西的国学大师林语堂,于风趣中见睿智,前所未有地"以庄解老",将老庄思想的独特魅力娓娓道来;抛开烦琐的训诂考辨,用人生的阅历、生命的觉悟去品味老庄哲学,给那原本生涩难解的文字赋予血肉,给予全新的灵魂。

老子具有异于常人的智慧,凭借一双犀利之眼,看穿了人世间的是是非非。多听听老子的话好处很多。人生在世,需要智慧。这部林语堂先生最得意、最珍视的著作,读来令人心胸宽广,不但能使人领悟老庄超越时代的人生思辨和处世智慧,更能让自己保有心灵的平和和生命的活力。

2.《孔子的智慧》(作者:林语堂,湖南文艺出版社2011年版)

一代国学大师林语堂,不仅从《论语》,更从《礼记》、《孟子》、《中庸》和《大学》等古籍中精致而妥当地撷取儒学经典的智慧哲思,以诗意雅致的文字,于风趣睿智中,为我们解读经典,对孔子思想进行了完整而系统的论述。

在林语堂先生看来,孔子的思想不只是"处世格言"、"道德修养",更是一种深沉的理性思索,一种对人生意义的执着追求,充满了诗意的情感内容,具有"终极关

怀”的宗教品格。孔子的思想代代相传，渗透在我们每个人的血液里，成为中国人的“文化心魂”。

3.《一生受用的苏格拉底做人、做事、生活智慧》（作者：朱蓉蓉，古吴轩出版社 2013 年版）

该书以苏格拉底的哲学思想为本，文字轻松易懂，让人在静心阅读的同时还可以获取知识，参照自己的生活，不同程度地改变自己的命运，从而让你的未来更加清晰。集心灵读物、人生解读、做人做事、励志于一身，把一种思想更加细致地分类，层层划分，深入解析，几乎要把生活写透写穿。

贯穿你陌生或熟悉的故事和我们现代人在生活中碰到的小事件，让你更加真实地体会真实的人生。简而言之，你会发现自己已有苏格拉底的精神。

4.《第 3 选择：解决人生所有难题的关键思维》（作者：史蒂芬·柯维，中信出版社 2014 年版）

作者史蒂芬·柯维，哈佛大学企业管理硕士，杨百翰大学博士。他是富兰克林柯维公司创始人之一，曾协助众多企业、教育单位与政府机关训练领导人才。柯维博士曾被《时代》杂志誉为“人类潜能的导师”，并被评为全美 25 位最有影响力的人物之一。在成功学、领导理论、家庭与人际关系等领域，夙负盛名。

柯维一生致力于向大众证明，在深刻且直接的引导下，每个人都能主宰自己的命运。身为国际上备受尊崇的领导权威、教授、企业组织顾问及作家，柯维的见解已影响上百万人。柯维的著作在全球已售出 2000 万册，翻译成 38 种语言。

5.《破解人生难题》（作者：华理克，上海三联书店 2013 年版）

作者带你进入摩西、保罗、耶稣等 12 位圣经人物的生活之中，向你指出他们如何以智慧和对神的信心来面对遭遇，你可以从这些人物的故事中获得具体、易懂的真知灼见，即刻应用在自己的人生当中。

6.《现代西方人生哲学》（作者：曹锦清，学林出版社 1988 年版）

本书在拥有翔实资料的基础上，释解与评述了 20 世纪以来对西方产生过较大影响的几个人生哲学流派，可读性强，读后回味无穷。

7.《西方哲学智慧》（作者：张志伟、欧阳谦，中国人民大学出版社 2000 年版）

作者将西方哲学“分门别类”，以哲学的部门或问题为主题，以“史论结合”的方式，在不损害哲学的思辨性的前提下，选取有代表性的哲学思想加以介绍，深入浅出。

项目设计

完成情商测试，撰写一份情商培养与提高计划。

幸福人生篇

幸福是一个永恒的话题。无论是在哲学领域还是在伦理学领域，幸福是一个古老的重要课题。在人们日常生活的话语中，幸福也是使用频率最高的词语之一。

专题一　幸福观解析

你幸福吗?

2012年中秋、国庆双节前期,中央电视台推出了“走基层·百姓心声”特别调查节目《幸福是什么?》。央视走基层的记者们分赴各地采访包括城市白领、乡村农民、科研专家、企业工人在内的几千名各行各业的工作者,向他们发问:“你幸福吗?”“幸福”成为当年的热门词汇。

2006年,一位名不见经传的年轻讲师泰勒·本-沙哈尔所讲授的“幸福”课一举击败哈佛王牌课程曼昆教授的“经济学导论”,成为最受欢迎的课程,而泰勒也被誉为“最受欢迎讲师”和“人生导师”。更不可思议的是,泰勒的课程具有难以想象的社会影响力,美国NPR、CNN、CBS、《纽约时报》、《波士顿环球报》等数十家媒体巨头争相报道。而哈佛公开课“幸福”自2010年11月份上传到网易网站,迅速吸引了大批中国观众。

是什么让哈佛学子如此钟爱“幸福”,又是什么让国内网民如此热衷于“幸福”?泰勒认为这是由于“现在的生活节奏越来越快,人们的步子也只能一个劲地往前赶。一旦压力大到极限时,整个人也就崩溃了。因此,他们要找到释放的窗口”。在“幸福”课上,泰勒没有大讲特讲怎么成功,而是深入浅出地教给人们如何自我帮助,如何更快乐、更充实、更幸福。

泰勒坚定地认为:幸福感是衡量人生的唯一标准,是所有目标的最终目标。

而在人类思想史上,很多哲学家对什么是幸福的问题都提出过自己独树一帜的见解。

一、哲人眼中的幸福观

(一)西方哲学史上的幸福观

在西方哲学史上,幸福问题是讨论得很多的一个问题,大致分两派。

一派叫完善主义,认为人身上最高贵部分的满足才是幸福,那就是精神上或道

德上的完善。不过,他们一般并不排斥快乐,承认完善亦伴随着精神上的快乐。这一派的创始人是苏格拉底,苏格拉底的学生柏拉图和柏拉图的学生亚里士多德继承了苏格拉底的观点。在苏格拉底之后还有犬儒学派和斯多噶派,近代以来这一派主要以德国理性论者为代表,如康德。

一派叫快乐主义,认为幸福就是快乐,快乐本身就是好的,是人生的目的。这一派的创始人是古希腊哲学家伊壁鸠鲁,到了近代,代表人物是英国的经验论者,如休谟、亚当·斯密、约翰·穆勒。谈到什么是快乐,这一派强调的是生命本身的快乐和精神的快乐,比如伊壁鸠鲁说:"快乐就是身体的无痛苦和灵魂的无烦恼。你身体健康,灵魂安宁,这就是快乐,就是幸福。"约翰·穆勒更加强调精神的快乐,认为它是比身体的快乐层次更高的快乐。

1. 亚里士多德的幸福观

亚里士多德是人类最伟大的哲学家、科学家之一,是古希腊文化的集大成者。亚里士多德关于幸福的学说在《尼各马可伦理学》[1]一书中有专门的论述。其主要的观点可以概括如下:

(1) 幸福是终极目的。

亚里士多德认为:每种技艺、每种学科或者每个经过思考的行为和志趣,都是以善为其目的的。由于行为、技艺、学科种类繁多,因此,目的也是多种多样的。有些目的是主导性的,有些目的是从属性的。在行为的领域,不是所有的目的都是为了其他目的而存在,否则,辗转相因,以至无穷,人的欲望最终会转入空无。只有那种因自身而被选择,绝不为他物的目的,才是绝对最后的。只有幸福才有资格称作绝对最后的,我们永远只是为了它本身而选择它,而绝不是为了其他别的什么。在亚里士多德看来,最后的目的就是至善,而至善就是幸福。

(2) 幸福是心灵合于完全德行的现实活动。

亚里士多德认为,要搞清幸福的真正性质是什么,必须首先回答人的功能是什么。他说,世界上的万事万物都有功能,人的眼、耳、手、足及身体各部分都有其特定的功能,人肯定也有其特殊的功能。生命不能算作人的特殊功能,因为一切生物都有此功能;有感觉的生命也不能算作人的特殊功能,因为一切动物都有此功能。人的功能,如果就是心灵遵循着或包含着一种理性原理的主动作用,那么,人类的善,就应该是心灵合于德行的活动。假如德行不止一种,那么,人类的善就应该是合于最好的和最完全的德行的活动。因为至善就是幸福,所以,幸福就是心灵合于完全德行的现实活动。

[1] 亚里士多德. 尼各马可伦理学. 廖申白,译. 北京:商务印书馆,2003.

(3) 德行非生于天性。

幸福既然是心灵完全合于德行的现实活动,那么,什么是德行呢?亚里士多德接着对德行做了深入分析。他认为,德行包括理智的德行和道德的德行,如智慧、理解、明智是理智的德行,宽大和节制是道德的德行。理智的德行是由训练而产生和增长的,道德的德行则是习惯的结果。他说,德行的获得如同技艺的获得一样,是要通过行为才能实现的。人由于从事建筑而成为建筑师,由于从事弹琴而成为琴师,由于实行正义而变成正义的人,由于实行节制和宽大而变成节制和宽大的人。决定我们习惯和性格的是行为,同样的行为产生同样的习惯和性格。

(4) 要获得幸福,必须奉行中庸之道。

在亚里士多德看来,德行就是用以调适情感和行为的。情感和行为都存在着过度与不及的可能,只有德行才能使情感和行为保持适中。过度与不及是恶的特点,而适中则是德行的特点。在鲁莽与懦弱之间选择勇敢,在奢侈与吝啬之间选择慷慨,在无耻与怕羞之间选择谦恭,在傲慢与自卑之间选择自尊,如此等等,一句话,只有避免过度与不及两个极端,贯彻中庸之道,才能获得幸福。

(5) 幸福是实践的果实。

亚里士多德认为,一个人光有德行还不够,还必须要把德行付诸现实活动。他说,正像奥林匹亚运动会的桂冠不能授予美丽的人、健壮的人,而只能授予在比赛中成绩最好的人一样,只有通过在德行指引下的理性行为,才能获得幸福。

(6) 幸福不是一时的事,终身幸福才能算作真正的幸福。

亚里士多德说,一只燕子、一个暖日不能构成春天,一日或一时的幸福,也不能使人成为幸福快乐的人。

(7) 幸福还需要好的外在条件为助。

亚里士多德认为,许多高尚的事情,需要朋友、财富、政治权力才能做到。

亚里士多德的幸福观时至今日仍不过时。这些观点既有崇高的道德性,又有很强的现实指导性,有利于引导人们通过学习和训练增强智慧,提高理性思辨水平,通过理论思维和哲学思考去追求真理,在理智的主宰下,使生命获得最大的幸福;也有利于引导人们注重养成良好的行为习惯,按中庸原则行事,做明智的、适当的选择,避免走极端,在和谐中保障幸福,享受幸福;还有利于引导人们破除迷信,破除宿命论观念,积极进取,勇于实践,在实践中主动地寻找幸福,体验幸福。按照亚里士多德的教导为人处世,肯定会在人生道路上多一些正确,少一些错误;多一些和谐,少一些纷争;最终也会多一些幸福,少一些痛苦。作为获得幸福的途径,或者作为衡量什么样的人才是终身最幸福的人的标准,亚里士多德的观点无疑是正确的,而且是非常有用的。但是,把幸福定义为心灵合于完全德行的现实活动,还

不足以令人信服地解释许多社会现象。因为,这个定义未能包含幸福概念的全部外延,排斥了不具备完全德行和不具备现实活动能力的人获得幸福的可能性。按照亚里士多德的观点,我们就不能说儿童是幸福的。因为对儿童来说,他们还不能进行现实活动,更不会有心灵完全合于德行的现实活动。

当然,我们应当理解亚里士多德的良苦用心。那就是亚里士多德不是从实然上给幸福下定义,而是从应然上给幸福下定义。所以,亚里士多德自己也谦虚地说,关于实践之事的一切推理,只能言其大概情形,而无科学的确切性。他不像研究自然科学那样追求客观真理,而是从伦理学的角度教人们如何在追求幸福的过程中达到向善的目的,教人们应当奉行什么样的原则做人做事才能成为终身获得最大幸福的人。他力图把人们引领到具有高度理性智慧和德行智慧的水平上去,希望人们的行为都能遵循正当的理性。大家如果都朝着亚里士多德指引的方向努力,毫无疑问,社会将会更加文明、更加和谐,人类将会更加幸福。因此,我们在对亚里士多德关于幸福的定义提出质疑的同时,也被他关心人类命运,对社会高度负责的精神感动。

2. 伊壁鸠鲁的幸福观

伊壁鸠鲁(公元前 341—公元前 270 年),古希腊伟大的唯物主义哲学家。他曾经在雅典创办学园,传播德谟克利特的唯物主义思想,与柏拉图流传的学派进行针锋相对的思想斗争。伊壁鸠鲁的著作大多已失传,现在流传下来的仅为一些著作残篇和几封信。伊壁鸠鲁在《致美诺寇的信》[1]中,深入地阐述了他的幸福观,概括起来有以下几点:

(1) 肉体的健康和灵魂的平静乃是幸福生活的目的。

伊壁鸠鲁主张人应该按照是否有利于肉体的健康和灵魂的平静,自由地去寻求和享受人间的快乐,因为趋乐避苦是人的本性。他说,幸福生活是我们的天生最高的善,我们的一切取舍都从快乐出发,我们的最高目的乃是得到快乐,我们以感触为标准来判断一切的善。

(2) 快乐是指身体的无痛苦和灵魂的无纷扰。

伊壁鸠鲁说,当我们说快乐是终极目的时,我们并不是指放荡者的快乐或肉体享受的快乐,而是指身体的无痛苦和灵魂的无纷扰。他认为,快乐的量的极限,就是一切能够致使痛苦的事物的排除,在快乐存在之处,只要快乐持续着,则身体的痛苦,或心灵的痛苦,或并此二者,就都是不存在的。当某些快乐会给我们带来更大痛苦时,我们每每放过这许多快乐;如果我们忍受一时的痛苦而可以有更大的快

〔1〕 周辅成. 西方伦理学名著选辑. 北京:商务印书馆,1987:105 - 111.

乐随之而来，我们就认为有许多痛苦比快乐还好。

（3）遵循理性和美德是幸福的保障。

一个人要想获得幸福，就必须摆脱偏见，就得学习自然规律的知识，学习哲学。伊壁鸠鲁说，使生活愉快的乃是清醒的理性，理性找出了一切我们取舍的理由，清除了那些在灵魂中造成最大的纷扰的空洞意见。哲学的目的是追求人的幸福，青年人和老年人都应该学习哲学。一个人如果能明智地、正大光明地、正当地活着，就一定能愉快地活着；一个人如果不能明智地、正大光明地、正当地活着，就不可能愉快地活着。因为各种美德都与愉快的生活共存，愉快的生活是不能与各种美德分开的。

（4）要使灵魂平静，就必须消除对鬼神、对死亡的畏惧，因为这些都会扰乱灵魂，使人难以享受到真正的快乐。

伊壁鸠鲁认为，神不管人间的具体事，人死后灵魂也就随之消散了。因此，人用不着畏惧鬼神。贤者既不厌恶生存，也不畏惧死亡；既不把生存看成坏事，也不把死亡看成灾难。一切善恶吉凶都在感觉中，而死亡不过是感觉的丧失。一个人如果正确地理解到终止生存没有什么可怕的，对于他而言，活着也就没有什么可怕的。

（5）要使灵魂平静，还必须克制对权势、对财富的贪欲。

伊壁鸠鲁主张把物质欲望减少到最低限度，过简朴的物质生活。他认为，渴望财富与荣誉这样一些愿望是徒劳无益的，因为它们会使得一个本可满足的人得不到安宁。[1]

（二）中国古代哲人的幸福观

幸福这个词是现代汉语词汇，古代汉语里幸和福这两个字是单独使用的，没有幸福这个词。要了解中国哲学家对幸福的看法，主要依据他们谈论人生境界的那些内容。

道家比较接近快乐主义，认为人生的理想境界是保护好生命的本真状态。庄子与此同时还强调精神的自由，崇尚那种与造物者游、与天地精神相往来的境界。儒家比较接近完善主义，认为人生的理想境界是道德上的自我完善，安贫乐道就是幸福。在精神生活上是乐道，在物质生活上就是安贫。孔子说："一箪食，一瓢饮，在陋巷，人不堪其忧，回也不改其乐。"又说："饭疏食，饮水，曲肱而枕之，乐亦在其中矣。"他很强调简朴状态中生命的快乐。

〔1〕 罗素. 西方哲学史：上卷. 何兆武，李约瑟，译. 北京：商务印书馆，1963：352.

所以,比较两派的观点,我们会发现它们的差异其实并不大,两派的共同点是重生命、轻功利,重精神、轻物质。完善主义重视精神生活,快乐主义也认为精神的快乐更有品位。快乐主义重视享受生命的本真状态,完善主义也认为简朴生活才能使人真正享受生命。历史上没有一个哲学家主张物质欲望的无穷尽满足就是快乐。快乐主义者约翰·穆勒说,幸福就是快乐,但快乐是有质的区别的,有层次的高低的,一个人只有品尝过不同的快乐,做过比较,才能判断哪一种快乐是质量更高的快乐。所有品尝过不同快乐的人最后得出的结论是一样的,就是精神的快乐要远远高于肉体的、物质的快乐,是更强烈、更丰富、更持久的快乐。有的人只品尝过低层次的快乐,他陷在里面出不来,从来没有品尝过高层次的快乐,所以才会以为那是世界上最大的甚至是唯一的快乐。如果他以后提升自己,有了更高的追求,就会发现以前的那个状态并不是真正的幸福。这也说明了为什么不能只从主观感受来判断幸福,因为主观感受的优劣也必须用价值观来判断。[1]

二、我的幸福观

什么是幸福?怎样可以使自己幸福?

面对这个问题,也许你的脑海中立刻会有不少想法蹦出来,比如更多的奖金,更多的旅行时间,等等。甚至你可以写出长长一列。但是,斯瑞库马·拉奥说:所有这些你想得到的东西,你也可以不得到它们,这些可以让你幸福的事情也有可能离开你。

其实,幸福与生俱来,你不需要得到任何东西,或成为什么样的人才能变得幸福。幸福是我们的天性,是我们 DNA 的一部分,你不可能不幸福。

也许有人会问:“为什么我并不觉得我很幸福呢?”“为什么我觉得我的生活糟糕至极呢?”其实这些问题的答案很简单,你花了一生的时间去学习怎样不幸福。

我们学会了一种错误的幸福观,我们错误地把“如果……我就会变得幸福”当作了人生的准则——如果我有更多的钱,我就可以去更多的地方旅行,所以我就觉得幸福;如果我能沉浸在热恋之中,我就觉得幸福;等等。“如果……就……”的模型根植在你的思想中。想象一下十年前的自己,那时的你想要的东西,现在你已经拥有了,你觉得幸福了吗?

我们认为自己不幸福,是以为“如果……”的内容没有找对,而没有意识到“如

[1] 周国平. 周国平人文讲演录:幸福观的哲学. 武汉:长江文艺出版社,2014.

果……，我就会变得幸福”的幸福观本身是错误的。我们陷入“如果……就……”的模型的另外一个原因在于我们不愿意接受事情本身存在的模样，不断地试图去改变其本身。就像本来一道很美丽的彩虹，你却认为它的位置太靠右了一点，一定要它往左200米才说它美。

幸福是什么？不同年龄、不同身份、不同环境、不同处境、不同地位、不同的人就有着不同的答案，这便是不同的幸福观。

有人说：真正的幸福是不能描写的，它只能体会，体会越深就越难以描写，因为真正的幸福不是一些事实的汇集，而是一种状态的持续，是一种愉悦、知足、淡定的心境。

幸福是什么？有人答幸福就是猫吃鱼、狗吃肉、奥特曼打小怪兽。

在小朋友眼里，幸福就是父母温暖的怀抱；

在父母眼里，幸福就是儿女们的平安和美；

在恋人眼里，幸福就是彼此牵手奔赴未来；

……

幸福其实可以很简单。做着自己喜欢的事情，慢慢品味这充满小小满足的平淡生活在很多人眼里就是幸福，与金钱无关、与地位无关。

幸福不是给别人看的，与别人怎样说无关，重要的是自己心中充满快乐的阳光，也就是说，幸福掌握在自己手中，而不是在别人眼中。幸福是一种感觉，这种感觉应该是愉快的，使人心情舒畅、甜蜜快乐。

幸福是简单的，它不会带着任何的杂质，只要你有一颗善良的心，你永远都会感受到它的存在。

三、时代变迁与幸福观

追求幸福是每一个人的终极目标，享受幸福是每一个人的神圣权利，创造幸福是每一个人义不容辞的责任。但是，在现实工作和生活中，要真正达到“快乐工作、幸福生活”的境界，并不是一件容易的事情。

随着时代的变迁，我们的幸福观也会发生改变。不同年代的人对幸福是什么这一问题，有着不同的答案。2012年《小康》杂志上的文章《国人幸福观变迁：从穿上“工装”到“弄潮”市场》揭示了不同年代人们的幸福观。

1. 50年代的幸福：穿上工装当工人

“那个年代的人啊，没那么多想法，我觉得当时穿着工装，特别是衣服口袋上印

有'首都钢铁厂'几个红字的那种,就倍儿骄傲,倍儿幸福。"

——王国伟

1951 年,18 岁的王国伟进入首钢,那时首钢的名字还叫石景山钢铁厂。

当年,抗美援朝还在进行,国家需要钢铁,首钢发出了"苦干三年"的号召。王国伟说,在那个年代,工人普遍都有一种以厂为家的精神,苦点累点都是为国家做贡献,是一种工人阶级主人翁意识的体现。

那是中国大工业时代的一段幸福时光。"以工人阶级为领导"被写入 1954 年的宪法里,全社会都在高唱"咱们工人有力量",而钢铁工人手持钢钎的形象更是被印在了新版人民币上。

进入首钢的第二年,王国伟的生活发生了两个变化。一是厂里分了房,砖砌的平房,带厨房、炉子,大床铺,十几平方米,水电全免费。二是找到了媳妇。"好待遇、好福利、好名声"让王国伟找对象时也尝到了不少甜头。"那个年代,上学看成分,找工作看成分,找对象,那更要看成分。家里穷没关系,而如果成分不好,那就不但眼下抬不起头来,而且以后还会受到各种政治运动的冲击。"王国伟说。

作为一名钢铁工人,虽说在面子上成就感十足,但其实工作起来并不轻松。"确实累!但是那个时候没有太多的追求,觉得这样就很满足了。"

2005 年 6 月 30 日,燃烧了近半个世纪的首钢 5 号炼铁高炉熄灭了火焰。王国伟在现场参加了灭火仪式,他说时代变了,现在还有几个人愿意当工人的?

王国伟退休了,那个激情燃烧的年代,那个以工人身份而骄傲的年代也随着时间的流逝隐退了。

2. 60 年代的幸福:唱红歌、吃饱饭

1963 年深秋,位于重庆市解放碑的重庆光学仪器厂新来了个男生,又高又瘦,还一脸书生气,多年以后,同厂的老工友对谭仲甫说:"你当年可是太扎眼了。"——研究光谱分析的大学生谭仲甫,毕业后被分配到带"光"的打火机厂,月薪42.5 元,婚房是土坯房。

在谭仲甫看来,工厂还是相当重视人才的,一进厂,厂里就开出了 42 块 5 毛的月薪,这比普通工人进厂月薪 11 块钱要多出一大截。

工厂一共七十来人,没有食堂。每到饭点,工友们就端着饭盆蹲到解放碑跟前吃。重庆人素来喜欢涮火锅,但是在那个物质匮乏的年代,往火锅里涮的除了卷心菜还是卷心菜。

1964 年下半年,谭仲甫被派去上海出差,到了上海,入住旅馆的第一步不是查身份,而是把"红宝书"——《毛主席语录》拿出来,跟着来检查的治安联防队员频频晃动,喊完了口号开始登记身份。

三年后，重庆光学仪器厂停止了生产，谭仲甫的工资不增反降。一年后他的女儿出生，而妻子却连一块三一斤的鸡蛋也不能常吃。营养不良，奶水就不够，孩子时常饿得嗷嗷哭，谭仲甫只有每天凌晨三四点爬起来排长队购买附近农民挑来的牛奶。在他看来，那个年代最大的幸福，就是希望每天起得早一点，排队排得靠前一点，能顺利买到牛奶给娃儿充饥，就知足了。

3. 70年代的幸福：自由充实的生活

1973年冬天，在桂林市酱料厂工作的刘兰兰，经同事介绍认识了憨厚老实的张强。他们各自在工作中勤奋努力，惺惺相惜，闲时聊聊工作和学习，互相鼓励着要实现"为无产阶级革命事业奋斗终生"的理想。

这一年，邓小平重返北京出任国务院副总理，开始着手治理整顿这个处于混乱中的国家。

1976年的春天，两人喜结良缘。在那个物资匮乏，家家穷得叮当响的年代，人们结婚时最大的追求就是"三转一响"，即有自行车、缝纫机、手表和收音机。

1977年，在单位分的一套20平方米的房间里，儿子笑笑诞生了。那时的住房情况相当紧张，房子是原来的一栋办公楼改成的，一栋楼48户人家共用4个卫生间，全楼的住户共用3个水龙头。想起当年的艰苦岁月，刘兰兰不禁感慨万千。

"三中全会"一词在此后一段时间成为中学生作文里常用的"口头禅"。刘兰兰的幸福生活，实际上正是从这时候开始的，告别物资匮乏的年代后，每一天商店里的物品都在增加。谈到幸福，刘兰兰说，那个年代的人不像现在的人那么看重爱情的浪漫。大家都觉得，不需要浪漫和激情，能相依相伴，有工作，有家庭，健康平静地活着就是一种幸福，在平平淡淡中享受自由而充实的人生就是最大的幸福。

4. 80年代的幸福：用自己的方式与世界相处

10月6日中午，北京城西一家烧烤店某包间，饭局的召集人白雪待各位小学同学坐定，从包里掏出她精心准备的"节日贺礼"——保存了20多年、各位同学当初写给她的春节贺卡，从小学一年级，一直到六年级。冒着香气的贺卡，一瞬间，成了心灵清新剂。大家回忆白娘子的魔法手势，说乾隆是最帅的皇帝。

白雪出生在1981年。那时，计划生育的口号铺天盖地。1980年推行的独生子女政策，改变了几千年来中国人多子多孙多福的传统观念，也让白雪的父母在女儿出生前，押宝一样猜测孩子的性别。而白雪名字中的这个"雪"字，虽不像"建国"、"国庆"这些名字一样，带有强烈的时代烙印，但却和"娜"、"明"这些字一样，是很多80年代出生的人名字中常见到的字眼。

当年马路上尽是拎着录音机的"新青年"，走起路来摇摇摆摆，边走边放着邓丽君。白雪的爷爷奶奶家有一台9英寸黑白电视机。人们热衷于一帮人聚在一

起，守着只能收三个频道的电视，看一部日本连续剧《排球女将》。之后，彩色电视进入了百姓家庭，淘汰下来的黑白电视成了游戏迷们玩“魂斗罗”的战场，以至于有些人到了现在仍不知道，那是款十六色彩色游戏。

1987年11月12日，肯德基在内地的第一家餐厅在前门开业。多年以后，白雪仍会想起那个冬天，她穿着一件紫色羽绒服，跟着白妈排了一个小时的队，吃到了人生中的第一块原味鸡。

有些记忆会随风而散，有些则将刻骨铭心。改变的不仅仅是味蕾，白雪觉得，自己这一代人，不仅喜欢炸鸡的味道，习惯咖啡的香味，还跟着动漫与电视一起长大。他们最终学会了用自己的方式与世界相处。

5. 90年代的幸福：从体制走向市场的“弄潮儿”

这十年以怪力乱神开始，赶上春天浪潮的人们成为市场时代的弄潮儿。在世纪末中国加入世界贸易组织的时候，国人开始以新的心态来面对财富。

“姓资还是姓社?”“中国向哪里去?”在20世纪90年代的最初三年中，充斥着这样的争论。中国将被建设成为什么样子？保守派和改革派都忧心忡忡。

从小爱搭积木的王旭，这一年从哈尔滨建筑工程学院毕业。在国家统招统分的政策下，进入了其时的哈尔滨房屋建设开发总公司，成为一名真正的建筑师。其时，体制所带来的安全感与优越性让他倍感幸福。

初到单位，王旭被分到了公司的前期科，主要负责工程项目前期的规划设计和施工手续等工作。那个时候的政府行政部门并不像现在这样高效，通常一套手续办下来需要大半年的时间。

“我工作的第二年，也就是1993年，工资就到了100元。在当时的同学里算是比较有面子的。我也是当年最早使用BP机、大哥大的那帮人。”王旭在与记者交流时不否认，看到别人羡慕的眼神会有很大的满足。20世纪90年代初期，“大哥大”还被视为身份和地位的象征，只有身价不菲的人才能消费得起。

事业上升期的王旭每天忙碌异常，与妻子聚少离多。他的婚姻走到了尽头。为了补偿妻子，以获得心理上的宽慰，王旭将房子和所有存款全部给了前妻。处于人生低谷的他萌生了去市场大潮中去搏一搏、闯一闯的想法。

1992年邓小平的南方讲话，重新激发了整个社会的活力，“下海”再一次成为热潮。第二年，江泽民总书记更在工作报告里高调宣布，中国将走向社会主义市场经济。市场不再是魔鬼，王旭立即炒了公司的鱿鱼，成为一名“体制外的人”。他是当地第一批投身房地产市场开发的人。各大房地产公司争相聘请，他成为一名炙手可热的建筑工程师。

2009年，随着房地产开发投资市场的逐渐冷却，王旭放弃了从事近20年的建

筑领域，从搭建真正有居住功能的房屋，向他小时候最初的幸福梦想回归——为孩子们提供更大的搭建创意积木的教育场所。

由于现在所从事的行业与之前可谓是南辕北辙，王旭被不少曾经的合作伙伴所不理解。“其实我现在对于幸福的期盼很简单，就是能和这些孩子们一起快乐地成长，这就是最幸福的事情。”〔1〕

〔1〕 国人幸福观变迁：从穿上“工装”到“弄潮”市场. 小康，2012－11－08.

专题二　物质世界与精神家园

一个社会的发展，既植根于物质基础，也取决于精神品质。如果一个人只有物质生活而缺少精神生活，则无异于动物，人类正是具有丰富的精神世界而显得独具魅力。精神世界的组成内容为人生观、价值观、理想、信念、道德、爱心、意志等，它往往主宰着一个人的行为准则。与物质发展相比，精神家园生长着情感、智慧和力量，寄托着人们对未来的希望。比如杭州最美妈妈吴菊英在危难的关键时刻，毅然伸出双手托住了一个幼小的生命，她震撼和感动了人们内心最柔软的地方，这双手托住了社会道德的底线，托住了人们对社会良知的期盼，向人们诠释了人性善良的回归，正是守住精神家园的力量。

坚守我们的精神家园，在当今这个物质时代尤为重要。在过度追求物质繁荣的过程中，如果忽略精神家园的耕耘，心灵将是一片荒芜之地。

一、寻找失落的世界

南非的沙比亚丛林，至今生活着相当原始的西布罗族人。他们的捕猎方法极为简单，在丛林的湿地上铺成大片的胶泥地，再在上面放一只鸡或一只野兔，然后他们开始等待。凡是吃肉的动物，只要走进丛林，便会被兔子或鸡吸引，一步步走入泥沼，越挣扎陷得越深。而陷阱中的动物又会引来更多的动物。几天之后，西布罗族人抬来木板，铺在胶泥上，轻而易举地将猎物收入囊中。

这些动物为什么跑进陷阱去自寻死路？原因很简单，在欲望的陷阱面前，它们迷失了自己。作为人，面临这样简单的骗局，又会怎样呢？答案很简单，同样会迷失自己，步入陷阱而不能自拔。

从老人跌倒无人敢扶到女大学生接连遇害，到各种“老虎”或贪或腐接连下马……在这个纷攘嘈杂的世界，金钱、美色、权力、地位、名声充斥了整个现实生活，给人们太多的诱惑，有人更多地注重对身外之物的关注和追求，迷失在物欲横流中；有人懵懂无知，不明事理，或受生活环境所逼，或受生活形态所迫，或是由于其他种种因素，迷失了生活的方向。

这样的事实引人深思，发人深省。

2000多年前，古希腊有一位哲学家叫迪奥尼斯，大白天提着灯笼在雅典的大街小巷满处跑。有人问他：找什么？他回答：我正在找人，人都迷失到哪里去了呢？原来，当时的雅典经济繁荣，不少人在物欲横流、荣华富贵、权势财富的攻击下，彻头彻尾地迷失了自己，出卖了自己，丢失了人的本质。所以哲学家奔走呼吁：人们哟，千万不要迷失自己。故此"认识你自己"这句话，便镌刻在古希腊德尔斐神庙顶上。

古人尚且这样重视"不要迷失自己"，大声呼吁要看清陷阱，在科学发达的今天，却依然有人不断重复"迷失自己、沦落陷阱"的悲剧。

不要迷失自己，找寻失落的世界。我们并不反对世人追求好的物质生活，恰恰相反，应当极力鼓励人们通过自己的劳动创造，去获得美好的生活。因为用双手创造幸福生活，才能证明一个人存在的价值。但是不要把证明的手段当作证明的目的，以致迷失、忘记了自己，其实，自己才是人要证明和追求的出发点和目的。要证明自己，首先必须认识自己，好好地问一问自己：为这个世界做了什么？留下了什么？

不要迷失自己，要树立正气。毛泽东说："人是要有点精神的。"正气是社会健康的基因，是人类永不熄灭的火炬。它照亮着人类从黑暗走向光明、从挫折走向胜利。人有正气，就能心底无私天地宽，就能看穿欲望陷阱，就能不迷失自己。

不要迷失自己，还需要时时反省自己。人生的道路并非处处是坦途，有坎坷，有荆棘，有陷阱，更有绊脚石。一个人想不迷失自己，就应时时反省自己，排除前进道路上的种种诱惑和阻碍，从而使人生之路越走越宽。[1]

好在我们的社会上，疼痛与感动并存，谴责与反思交织，忧虑与希望同在。我们可以用行动改变未来，寻找失落的世界。

二、创造有价值的人生

人生，是一个人生存、生活在世界上的岁月。在这段岁月里，有追求、有渴望，有奋进、有奉献，有坎坷、有失落，它们伴随着你的人生。无论是阳光下还是风雨中，都镌刻着人生的历程，体现着人生的价值。

人生好比一本书，只有用美好的心灵去读，你才能读出价值，才会读懂爱憎，读

〔1〕胡长灿，黄勇. 不要迷失自己. 抚州新闻网，2010-08-01.

懂痛苦与欢乐，读懂追求和奉献是人生的神圣和永恒。正是因为世间有多种多样的人生追求，才构成了丰富多彩的生活画卷，无论是选择大江东去还是小桥流水，都是各人的心志使然。人各持不同的人生态度，追求煊赫显耀的未必高尚，意在淡泊清静的未必卑下。于是，不同的选择，构成了不同的人生；不同的人生，形成了不同的人生价值。吐出自己最后一缕蚕丝，为人类提供优质的蚕茧，这是春蚕的价值；为使昏暗变得光明，献出自己最后的光和热，这是蜡烛的价值；找准自己的最佳位置，让零配件构成一台精密的机器，这是螺丝钉的价值……

头衔显赫不是衡量人生价值的标准。瓦釜雷鸣，既不证明贡献，也不代表水平。高山缄默，自是一种巍峨；蓝天无语，自是一种高远。金钱多少不是衡量人生价值的标准。当人的思想被金钱占据时，就像鸟翼系上了黄金而不能再翱翔蓝天一样，不再容纳远大的理想。

人的生命长短不是衡量人生价值的标准。流星只有一眨眼的生命，却呼啸着划出一道强光；那满山的枫叶，到了深秋，才绽放出绚丽的青春。人的荣誉多少不是衡量人生价值的标准。把来之不易的荣誉当作人生道路上的路标，才能继续轻装前进；倘若固守在荣誉上自我陶醉，背上重负，则人生必将失去价值。

人生的价值在于奉献。星星没有月亮耀眼，却无私地献出了它的一切，把万里夜空点缀得美丽诱人；绿叶没有红花夺目，却为鲜花吐馨献出了自己的芳华，将花朵衬托得艳丽多彩。无私地奉献，是人生的主旋律，是镌刻在人们心中的一座永恒的丰碑，其重如泰山，其珍如瑰宝。

展现人生的价值，必须用高尚品格造就光彩的人生。力图使自己活泼而不轻浮，严肃而不冷淡，自信而不骄傲，虚心而不盲从。成功时学会深思，受挫折时保持镇定，在追求人生价值中奉献，在奉献中实现人生价值。只有这样才能行进在人生的旅途上，经风不折，遇霜不败，逢雨更娇，历雪更艳。

三、构筑精神家园

党的十七届六中全会把“建设中华民族共有精神家园”作为建设社会主义文化强国的一项基本内容和战略任务。这一重要论断的提出对进一步推进我国文化大发展大繁荣、实现中华民族伟大复兴具有十分重要的意义。

何谓中华民族共有精神家园？大家知道，人们一般把我们生活的世界划分为物质世界和精神世界。物质世界为人们生活的物质家园提供必备的物质生活条件，而人们的精神家园则靠丰富的精神世界为其创造必备的精神文化条件。

精神家园主要是指人们的精神支柱、情感寄托和心灵归宿，是人们精神生活、精神支柱、精神动力和精神信仰的总和。一个民族共有的精神家园，是这个民族安身立命的所在、生存发展的支撑、身份归属的标志，是维系这个民族共同生命的最根本力量。

中华民族共有精神家园是整个中华民族共同依托、共同传承、共同发扬的文化精神、价值观念和情感态度的总和。中华民族是一个大家庭，中华民族共有精神家园就是中华民族这个大家庭所共有的精神家园。这个精神家园所反映的是中华儿女在长期共同生活、共同奋斗和共同发展过程中形成的共同价值取向、道德规范、精神气质、情感态度等凝聚而成的民族精神合力。中华民族共有精神家园是中华民族赖以生存和发展的精神财富，是中华民族生生不息、团结奋进的精神动力。作为个体来说，有了精神家园的支撑，人就有了安全感、温馨感和幸福感，人的生活才有意义；失去精神家园，人就会感到精神空虚和不知所措，甚至发生心灵扭曲和变形。作为一个民族来说，精神家园是民族生命力的精神之母、民族创造力的精神之源、民族凝聚力的精神纽带、民族团结奋进的精神动力。〔1〕

我们每个人都需要一个精神家园。科学发展不断加速，社会进步的进程也在加速。但是人类精神世界却不像物质世界那样可以加速发展。当前社会的种种现象折射出物质世界与精神世界的严重错位，二者的严重不协调。物质与精神本是一对矛盾体。首先，物质世界对精神世界有推动作用，人的精神世界是对物质世界的反映。精神世界以物质世界为蓝本，人类社会的进步在改变一切，包括我们的精神世界。其次，精神世界又对物质世界有反作用。精神世界决定了人民的世界观、人生观、价值观，而这一切又将表现在人们对自然界的改造和人与人的关系中。因此，物质世界必须与精神世界同步发展，若精神世界过于滞后，那么物质世界将失去指引，引发社会秩序的混乱，比如老人倒地后无人相扶，人与人的关系日渐疏远，事不关已则高高挂起，自私原则吞噬爱心，反映出严重的社会心理危机以及社会道德底线的失守。

人们在充满压力和诱惑的外部世界中拼搏，内心却焦虑而空虚，心灵犹如流放的囚犯，在物质世界里迷失了方向，找不到自己的精神家园。于是出现拜金主义泛滥、社会风气浮躁、信仰迷茫、公德失范现象。精神阵地的失守意味着社会文明的停滞和衰落，千年文明铸就的精神基石正在经受历史的淬火。

如果说百年前英国人用鸦片贸易毒害了中国人的心灵和肌体，那么今天这种

〔1〕 韩振峰. 中华民族共有精神家园. 光明日报，2011－11－29.

过度的物化造成的人的异化、精神衰退引起的心灵阵痛，无异于现代精神鸦片，它同样在侵蚀人的肌体、蚕食人的精神。我们知道，鸦片战争前夜，中国国内生产总值位居世界第一，远高于英国，却依然挨打，可见国富未必等于力强。对一个民族发展而言，精神衰退、空虚、麻木，无疑将再次重蹈东亚病夫的覆辙，只不过精神层面上的病夫远比躯体层面上的病夫来得更令人悲哀。当年令鲁迅先生弃医从文的原因正是被称为东亚病夫的那种精神麻木的看客心理，这在当今社会同样可以找到翻版，即人性冷漠乃至对生命的漠视。因此，回归精神家园，将人性从物质牢笼中解放出来，是比探索物质发展更重要的课题。

事实证明，经济强盛未必带动精神强大，我们或许该思考，在物质时代放缓行走的脚步，回归精神家园，从历史文化经典中汲取养分，滋养精神家园的沃土。我们要从中华民族源远流长的历史中学习优秀的传统文化，从中获得智慧和力量，升华思想境界，陶冶道德情操，完善优良品格，弘扬仁爱、谦恭、自强、自省、和谐等传统价值观，为构筑物质时代的精神家园添砖加瓦。

纵观历史，放眼世界先进强国，一个国家的真正实力来自于物质文明和精神文明的高度和谐共进，而民族的凝聚力量是当今国家间综合国力竞争的重要内容。我们的物质力量在过去几十年中得到飞速的发展，中国经济再次登上世界经济的舞台，但一个国家的强大并不取决于与自己过去的相比，而取决于它在世界格局中所处的相对地位。一个国家要崛起，没有文化精神的强盛，将无法支撑经济腾飞带来的一系列负荷。一个民族、一个国家如果没有自己的精神支柱，就不可能经受住艰难与风险的考验，就不可能有长期稳定的发展。经济发展需要稳定的社会秩序，社会各个领域相互协调才能促进社会的持续发展。中国要融入全球化经济格局中，须以开放的心胸和气度关注世界文明的发展，须以宽阔的胸襟来学习、借鉴和吸收世界先进文化成果，海纳百川、为我所用、辩证舍去、择善而从，我们的国家才能拥有持久活力，我们的民族才能赢得世界尊重，我们的人民才能获得安宁和祥和。

一个国家、一个民族只有坚守共有的精神家园，才会有向心力、凝聚力和创造力。回望与追溯历史发展的过程是感悟、思考的过程，而追寻精神归属的价值就在于我们能在历史与现实之间获取连续性，追寻于传承中失落的精神财富和精神信仰，呼唤民族精神，重振精神家园。当一个民族成为能够从历史中不断汲取力量、不断思考、不断创新、不断反省的民族时，那将是整个民族乃至人类的福音。

站在今天的角度重新审视中华民族源远流长的文明史，借助历史发展的阶梯，从历史文化中汲取中华民族精神发展的力量源泉，对我们今天回归精神家园有着

经世致用的现实意义。

读史明鉴，反躬自省。我们每个人都来自于历史，最后也将归于历史，成为历史的过客。每一代人都肩负着民族强盛、文化复兴的历史使命，承前启后，生生不息。站在历史的肩膀上，延续未尽的历史使命，是一个民族继往开来的精神家园。正是这种由共同的文化根基、共同的时代精神和共同的价值目标所构成的共有的精神家园，是我们每个人必须找寻和坚守一生的。〔1〕

〔1〕 刘建苏. 坚守我们的精神家园. 中国国门时报，2012－08－10.

专题三　幸福指数与评价指标

一、联合国《全球幸福指数报告》

1.《2012 年全球幸福指数报告》

2012 年 4 月,联合国首次发布《全球幸福指数报告》。该报告由纽约哥伦比亚大学地球研究所完成,是联合国在不丹举行的幸福指数讨论大会上发布的首份幸福指数报告,长达 150 页,时间跨度从 2005 年至 2011 年,调查对象是全球 156 个国家和地区。如何衡量一个国家或地区的幸福感,报告有一套非常复杂的标准,这套标准包括 9 个大领域:教育、健康、环境、管理、时间、文化多样性和包容性、社区活力、内心幸福感、生活水平等。在每个大领域下,又分别有 3 ~ 4 个分项,比如教育领域下有读写能力、学历、知识、价值观等,总计 33 个分项。

发布的报告显示,丹麦成为全球最幸福的国家,其次是芬兰和挪威,全部是北欧国家,平均得分达 7.6 分。美国仅排在第 11 名。最不幸福国家集中于受贫穷和战火洗礼的非洲国家,尤其是撒哈拉以南的非洲国家,比如多哥、贝宁、中非共和国和塞拉利昂。得分最低的多哥,得分仅约 3 分。

报告指出,较幸福国家倾向于较富裕,比如丹麦、芬兰、挪威均为人均收入排全球前 15 位的国家。但收入与幸福并无必然关系,财富的多寡也并非是国民幸福感的决定性因素。以美国为例,国民生产总值(GNP)最高,但幸福指数却没有进入前 10 名,排名第 11。

《全球幸福指数报告》制作者、美国哥伦比亚大学经济学家杰弗里 · 赛克斯说:"国民生产总值并不能代表幸福程度,尽管一般来说,国家财富与国民快乐有一定联系,但两者之间没有内在必然关系。美国自 1960 年开始,人均国民生产总值增长了三倍,但幸福指数却停滞不前。那些人均收入相对美国并不高的国家,却有很强的幸福感,这是因为他们制定的政策,推高了其幸福指数。"

报告称人类生活质量不断上升,但全球过去 30 年的幸福指数仅微升。赛克斯补充说,富裕亦造成烦恼。经济增长带来一些弊端,诸如饮食不合理,引发糖尿病、

肥胖等健康问题；沉迷于购物、电视、赌博，往往养成不健康的生活习惯。最重要的是，经济发展带来一些社会问题，“人们社区意识丧失，社会信任度下降，在变幻莫测的全球化经济时代，焦虑感在不断扩散”。

相比经济收入，政治自由度、社交网络、杜绝贪腐等因素更为重要。个人层面上，良好精神及身体健康、稳定家庭和婚姻、工作保障等对幸福非常重要。

这份报告发现，失业之痛可与生离死别相提并论，这也是经济陷于瘫痪的东欧诸国连前20名都进不了的原因。此外，女性比男性更知足，而在不同年龄阶层中，中年人幸福指数得分最低。

根据报告，全球最幸福的10个国家如下：丹麦、芬兰、挪威、荷兰、加拿大、瑞士、瑞典、新西兰、澳大利亚、爱尔兰。全球最不幸福的10个国家如下：多哥、贝宁、中非、塞拉利昂、布隆迪、科摩罗、海地、坦桑尼亚、刚果（布）、保加利亚。

2.《2013年全球幸福指数报告》

2013年9月9日，美国哥伦比亚大学地球研究所发布了《2013年全球幸福指数报告》，丹麦仍是世界上最幸福的国家，挪威、瑞士分列第二、第三。在156个被调查国家里，卢旺达成为幸福指数最低的国家。

该份报告称，幸福指数最高的前5个国家分别为丹麦、挪威、瑞士、荷兰和瑞典，而卢旺达、布隆迪、中非、贝宁和多哥则位列该榜单的最后5位。

报道称，美国在报告中的排名为第17位，“远落后”于第6位的加拿大、第10位的澳大利亚、第11位的爱尔兰、第14位的阿联酋和第16位的墨西哥。

其他主要国家的排名如下，英国列第22位，德国列第26位，日本列第43位，俄罗斯列第68位，中国列第93位。

3. 部分“最幸福国家”简介

(1) 丹麦。

世界上最低的创业成本、出色的教育、充分的个人自由。丹麦人对他们的政府很有信心，并且人与人之间相互信任，是世界上生活水平最高的国家。此外，丹麦之所以能被评为世界上最幸福的国家，是因为其完善的社会保障体系最大限度地满足了国民的物质和心理需求。公民可免费接受各种教育，其福利政策面向全体公民，不分阶层和经济状况，真正落实到生活的方方面面。当遇到经济衰退时，丹麦政府会出台新的政策，保证国民的生活质量。

(2) 挪威。

年度人均GDP（国内生产总值）高达5.3万美元，为世界最高水平。医疗支出位居第二，仅次于美国。74%的挪威人都表示其他人值得信任，这个比例为各国之最。而且，94%的挪威人对他们的生存环境感到满意，认为努力工作有助于实现个

人发展的比例高达93%。拥有大量的油气资源也帮助挪威成为世界上最幸福的国家。

（3）瑞士。

由于政府机构之间相互制约和平衡，腐败现象在瑞士极为罕见，再加上极好的教育机会，使得瑞士人对他们的政府充满信心。金融机构发达且值得信赖，不良贷款比例极低，仅为0.5%。不过，瑞士的创业环境并不出众。作为世界红十字会的发源地，瑞士在健康保险花费方面有相当大的开销，人均达到3445美元。完善的社会保障体系、低犯罪率以及多年保持中立使瑞士的国内和国际环境非常和平。由于税率低，瑞士更是成为富人的天堂。

（4）荷兰。

荷兰有着繁荣和开放的经济，社会保障体系较完善，居民福利水平较高，贫富差距不明显。在荷兰，个人享有非常高的自由，88%的荷兰人对于可自由选择生活道路感到满意。荷兰人还非常信任他们的同胞和政府。荷兰以海堤、风车、郁金香和宽容的社会风气而闻名，荷兰对待毒品、性交易和堕胎的法律在世界范围内都是最为自由化的。

（5）瑞典。

瑞典属于世界经济高度发达国家，以高工资、高税收、高福利著称，更被视为具有社会自由主义倾向以及极力追求平等的现代化福利社会。按人口比例计算，瑞典是世界上拥有跨国公司最多的国家。在20世纪时，瑞典就已成为一个福利国家，建立了比较完善的社会福利制度。社会福利项目从父母带薪长期产假到医疗保障、病假补助，从失业保障和养老金到义务教育，内容广泛，被称为“从摇篮到坟墓”的保障。在创业精神和创业机遇方面位列第二的瑞典，是创业的好地方。那里研发投入很高，同时创业成本低廉。

（6）加拿大。

加拿大经济高度发达，国民拥有很高的生活质量，是世界上拥有最高生活品质的国家之一，是全球最富裕、经济最发达的国家之一。加拿大社会保险体系涵盖广泛，包括失业保险和失业救济、医疗保险、养老金、家庭津贴和残疾津贴等多项内容，由联邦、省和市三级政府分类负担和管理。个人享有充分自由。腐败非常之少，社会资本很高，因为加拿大人乐于帮助他人，并积极向慈善机构捐款。四分之三的加拿大人相信，他们的城市是创业的好地方。

二、幸福指数评价指标

1. 幸福指数简介

幸福指数是对人们通常所说的幸福感的量化，是人们根据一定价值标准对自身生活状态所做的满意度方面的评价。幸福指数作为评价社会发展的一个重要指标，不仅体现了人民群众对社会发展的满意度，而且越来越成为各级政府决策的重要依据。当前，随着生活水平的日益提高，人们对幸福的追求越来越强烈，对幸福指数的研究逐渐成为学术理论界的一个热门话题、前沿问题。

幸福指数最早是由美国经济学家萨缪尔森提出的。他认为，幸福 = 效用/欲望。也就是说，幸福与效用成正比，与欲望成反比。他还把影响效用的因素分为物质财富、健康长寿、环境改善、社会公正、人的自尊五大类。英国心理学家罗斯威尔等通过长时间的研究后认为，真正的幸福可以用一个公式来表示，即幸福 $= P + 5E + 3H$。其中，P 代表个人性格，包括个性、应变能力、适应能力、人生观、世界观、忍耐力等；E 代表生存需求，包括健康、交友状况、财富等；H 代表高级心理需求，包括自尊、自我期许、雄心、幽默感等。澳大利亚心理学家库克则将幸福指数分为两种形式，一种是个人幸福指数，包括人们自己的生活水平、健康状况、在生活中所取得的成就、人际关系、安全状况、社会参与、未来保障等方面；另一种是国家幸福指数，包括人们对国家当前的经济形势、自然环境状况、社会状况、政府、商业形势、国家安全状况等多个方面的评价。

2. 我国对幸福指数的研究

我国学者对幸福指数的研究始于 20 世纪 90 年代。学者们从不同角度对幸福指数及其指标体系进行研究、提出看法。有的学者指出，幸福指数反映的是人们的幸福感，主要包括人们对生活总体以及主要生活领域的满意感、在现实生活中体验到的快乐感、由于潜能实现而获得的价值感。还有的学者指出，幸福指数是人们根据一定价值标准对自身生活状态所做出的满意度评价，影响幸福指数的因素主要包括社会发展水平、历史文化背景、个人所处社会阶层、个人生存状况和改善预期及其实现程度。也有的学者把幸福指数具体化为由政治自由、经济机会、社会机会、安全保障、文化价值观、环境保护六类要素构成的国民幸福核算指标体系。

3. 国民幸福指数的作用

如果一个国家把国民幸福指数作为衡量社会发展的重要指标，说明大多数社

会成员已经开始摆脱基本生存需求的制约而产生了更高层次的需求，标志着这个国家的社会发展开始步入一个新的历史阶段。对我国而言，通过各种调查统计来研究国民幸福指数，有助于我们了解国民的情绪变化和需求层次、准确把握社会发展的方向和要求，进而制定更具科学性和针对性的政策，促进社会全面发展。

具体来说，国民幸福指数有如下作用：

（1）国民幸福指数是经济社会科学发展的“风向标”。

科学发展观强调全面、协调、可持续发展，要求实现经济社会发展与人的全面发展的统一。从单纯追求经济发展指标特别是 GDP 到开始关注包括幸福指数在内的人文社会环境指标、强调社会个体的内在体验和感受，是科学发展的必然结果，也是建设中国特色社会主义的应有之义。重视并用好国民幸福指数，有利于促进经济社会科学发展和人的全面发展。

（2）国民幸福指数是社会全面进步的“测量仪”。

一般来说，衡量一个社会发展进步与否，最重要的标准就是能否坚持以人为本、全面发展的基本要求，能否很好地满足广大人民群众的经济、政治、文化需求，能否为广大人民群众带来最大利益、提供广阔的自由发展空间。从这些标准来看，我国以往比较重视的 GDP 等仅仅反映经济增长情况的指标，是难以全面衡量社会发展进步状况的，并且在实践中可能导致政策选择上的片面化。从一定意义上说，GDP 是一个侧重于物质方面的量化指标，国民的福利增长、身体健康以及精神状况等不可能充分体现在 GDP 的数字之中；而反映国民整体生活质量的幸福指数则是一种更加全面、人性化的指标，可以在一定程度上弥补 GDP 指标的缺陷和不足，从而使衡量社会发展进步的指标更加全面、科学、完善。

（3）国民幸福指数是社会良性运转的“晴雨表”。

社会要良性运转，关键是要和谐、稳定。而社会能否实现和谐、稳定，在很大程度上取决于广大社会成员的幸福感如何。如果一个社会在经济快速发展的同时国民幸福指数却不能随之提高甚至出现下滑，那么就有必要对社会发展的整体走向和政策导向进行认真反思。国民幸福指数可以反映社会需求结构的态势、社会运行机制的效能、社会整合程度的状况，观察国民幸福指数可以为社会矛盾和问题的解决提供基础。尤其是在社会变革和转型时期，国民的判断和选择在很大程度上反映着社会变革和转型的效果，而国民幸福指数走势正是国民判断和选择的重要预测指标。当前，我国改革发展正处于关键阶段，利益关系更加复杂，各种社会矛盾凸显。密切关注各项重大政策对人民群众整体幸福感的影响，关注城乡居民幸福感的差异和走势，关注社会不同利益群体幸福感的状况，将国民幸福指数作为社会良性运转的“晴雨表”，对于推动科学发展、促进社

会和谐具有十分重要的意义。

三、幸福指数测评

幸福指数的测评方式目前是很多学者研究的方向之一。而对于个人的幸福指数,在网络上存在多种测试题目,它们可成为了解自己的一个窗口。

自测题:你的幸福指数

测试说明:在每个问题后圈一个数字,最后把它们加起来。

1. 金钱:你有足够的钱来满足你的需要吗?你是否因此不担心钱?

A. 这对我来说绝对是真的。4

B. 部分是真的。3

C. 这不像我,但我正努力工作以挣更多钱。2

D. 根本不是这样。1

2. 你花钱买彩票吗?

A. 不,从来没有。3

B. 是的,偶尔。2

C. 是的,每周都买。0

3. 你接受你目前的生活并感到幸福吗?

A. 是。4

B. 否。0

4. 你对每天的工作或你的职业感到满足吗?你感觉能发挥最大能力吗?

A. 与我非常相符。4

B. 部分一样。3

C. 不像我。2

D. 根本不像我,我是为了生存而工作,不是为了工作而生存。1

5. 你和你爱的人以及信任的人的关系使你感到幸福吗?

A. 这对我来说绝对是真的。4

B. 部分正确。3

C. 不正确,但我希望有这样的事发生。2

D. 根本不是这样。0

6. 家庭:我的家庭生活富裕充实,我喜欢和他们在一起。

A. 与我很相符。4

B. 部分相符。3

C. 不相符,但我希望是这样。1

D. 根本不相符,我不知道怎样去改变。0

7. 友谊和支持:我有很多朋友,其中有一些人很不一样,我很积极地保持这些关系。

A. 与我很相符。4

B. 有些相符。3

C. 不太相符,我有朋友,但他们只由一小群人组成。2

D. 根本不相符,我不爱社交或拜访许多人。0

8. 教育:我对当前的教育很满足,它能帮我发挥潜能。

A. 和我相符,我在教育上投入很多。4

B. 部分相符。3

C. 不相符。1

D. 根本不相符,我对教育根本不感兴趣。0

9. 爱好/非职业活动/兴趣:我很积极地参加一系列活动,我有很多兴趣爱好。

A. 和我很相符。4

B. 部分相符。3

C. 不太相符。1

D. 根本不相符,我对户外活动没有什么兴趣。0

10. 你有没有做过这样的事——这些事并不引起任何损害也并不是自我毁灭,它会使你忙乱而且你希望你能有更多的时间去做这些事?

A. 是。2

B. 否。0

11. 舒适:你怎样描述整体上的舒适感觉?哪一个与你的描述方式最接近?

A. 我感觉健康,有生气,热爱生活。5

B. 大多数时间我感觉相当好而且我热爱生活。4

C. 有时我感觉有点低落,但一般我会尽力使事情做得完美。3

D. 大多数时间我感觉都不是很好。1

12. 健康:你健康吗?你会照顾自己吗?

A. 我很健康,喜欢保持一种健康的生活方式。4

B. 一般情况下我能照顾自己,也喜欢享受生活中的一些美事。3

C. 我的健康有一些问题,但我会努力去改变。2

D. 我对我的健康不怎么注意,有时做一些明知对自己身体不好的事。0

13. 电视:一般你每周花多长时间看电视?

A. 少于4小时。4

B. 4~10小时。3

C. 10小时或更多。1

D. 我经常看电视,有时大多数时间都在看。0

14. 你的独立性:在多大程度上你能管理自己的生活?

A. 我自我管理,别人能做到多少,我就能做到多少。5

B. 我生活中独立性很强,尽管我仍允许别人影响我,但这不是我真正愿意的。3

C. 我有一定的独立性,但很有限。2

D. 我根本不知道如何生活,我什么也不能做。0

15. 人们评价你是快乐的吗?你经常大笑或使别人笑吗?

A. 我总是高兴并且经常大笑。4

B. 大多数时间我都很快乐,有时大笑。3

C. 我很普通,相当快乐,但不能说我笑得多。2

D. 我感觉不快乐,没有什么可以使我大笑。0

16. 当事情出错、你犯错误或没有成功时,你责备和批评自己吗?

A. 没有。4

B. 有,有时候。2

C. 是,大多数时候。1

D. 是,所有时候。0

17. 从生活经历中学习:你能说你从生活经历中学了很多,而且这些改变了你做事的方式吗?

A. 是,很多。我学到的东西使我改变了许多。4

B. 是,我从生活经历中学习,能把一些学到的东西付诸实践。3

C. 我学到了一些东西,但它们改变不了我实际的行为。2

D. 我学习了事物,但需要改变的不是我,而是其他一些东西。0

18. 自我形象:你对自己的形象的评价和别人对你的形象的评价是相似的还是不同的?

A. 据我所知,别人看待我和我的自我感觉是一样的。3

B. 我感觉我心里对自己的看法和别人对我的看法有很大差距。0

19. 有一天，当你无须面对任何真正困难的事时，早上醒后你会有什么感觉？

A. 我盼着这一天的到来。4

B. 我觉得这一天还可以。3

C. 我感觉这一天不太好。2

D. 我厌烦这一天。0

20. 别人说你是乐观主义者还是悲观主义者？

A. 一个乐观主义者，我看大多数事情好的一面，我期望着未来会带来什么，人们都称赞我如阳光般的乐观的生活态度。4

B. 一个乐观主义者，尽管必要时我也很现实。3

C. 两者都不是，我的生活任其发展。1

D. 总是有很多重要、严峻的问题，我不是很乐观。0

21. 当你做一个决定时，你考虑谁？

A. 我做对我合适的事，但我总是考虑别人的观点以及这样做会怎样影响到他们。4

B. 我考虑他人比考虑自己多。3

C. 我主要考虑自己。0

22. 你实现了童年时的抱负和梦想吗？

A. 大多数都实现了。4

B. 有一些实现了。3

C. 一个也没实现。1

D. 我忘记曾经有过什么梦想了。0

23. 在工作和日常生活中你有机会去帮助他人吗？

A. 有，我花很多时间去照顾或帮助别人。4

B. 有，我花一些时间去照顾或帮助别人。2

C. 我从来没有花时间去照顾别人。0

24. 你感觉因你做了什么事或因你这个人本人而受到重视和欣赏吗？

A. 是，大多数时间都是。4

B. 是，有时候。3

C. 我有时感到被重视，但我觉得别人并不是很欣赏我。1

D. 我的付出并没有得到重视和欣赏。0

25. 你有信仰吗？或者有什么事情能对你的精神有帮助？

A. 有。4

B. 没有，或不知道。0

26. 你和爱人在对于孩子的教育和未来发展能达成一致意见吗？

A. 完全一致。3

B. 总体来说一致，某些方面会出现分歧。2

C. 大相径庭。0

测试问卷答案：

70分以上：你是一个非常幸福的人，你必须及早明白这一点。你所拥有的东西正是这个世界上其他人想要得到的，比如乐观的性情加上积极的态度、良好的自信、坚定的意志，这些都在你所信仰和追求的事物中表现出来。你会得到一份好运。你会全身心地投入生活，献出的爱会使你快乐。如果你不沾沾自喜的话，人们会向你学习你是如何使生活变得富有、给你带来回报和乐趣的。

50~70分：你是一个幸福的人。总体来说你很快乐，很积极，能最大限度地利用任何事物。你热爱生活，不在消极或抱怨中浪费时间。你是一个积极的有影响力的人。基本上你是一个幸福的人，你喜欢最大限度地利用生活。

50分以下：你有时会感觉不是很幸福，你的分数表明现在是你该做些事情的时候了，你可以试着改变一下你原来做事的方式，做出一些不同的选择。很可能你是依靠你自己太多了，找一个朋友做你的幸福伙伴怎么样？他能和你共同分享，共同高兴，有目的地选择一些活动，来帮助你建构幸福。

延伸阅读

关于幸福的10条小贴士

哈佛大学《幸福》课的讲师泰勒·本-沙哈尔坚定地认为：幸福感是衡量人生的唯一标准，是所有目标的最终目标。为了让学生更好地记住幸福的要点，他为学生简化出10条小贴士：

(1) 遵从你内心的热情。选择对你有意义并且能让你快乐的课，不要只是为了拿一个A而选课，或选你朋友上的课，或是别人认为你应该上的课。

(2) 多和朋友们在一起。不要被日常工作缠身，亲密的人际关系是你幸福感的信号，最有可能为你带来幸福。

(3) 学会失败。成功没有捷径，历史上有成就的人，总是敢于行动，也会经常失败。不要让对失败的恐惧，绊住你尝试新事物的脚步。

(4) 接受自己。失望、烦乱、悲伤是人性的一部分。接纳这些，并把它们当成自然之事，允许自己偶尔的失落和伤感。然后问问自己：能做些什么来让自己感觉

好过一点？

（5）简化生活。更多并不总代表更好，好事多了，也不一定有利。你选了太多的课吗？参加了太多的活动吗？应求精而不在多。

（6）有规律地锻炼。体育运动是你生活中最重要的事情之一。每周只要3次，每次只要30分钟，就能大大改善你的身心健康。

（7）睡眠。虽然有时熬通宵是不可避免的，但每天7～9小时的睡眠是一笔非常棒的投资。这样，在醒着的时候，你会更有效率、更有创造力，也会更开心。

（8）慷慨。现在，你的钱包里可能没有太多钱，你也没有太多时间。但这并不意味着你无法助人。给予和接受是一件事的两个面。当我们帮助别人时，我们也在帮助自己；当我们帮助自己时，也是在间接地帮助他人。

（9）勇敢。勇敢并不是不恐惧，而是心怀恐惧，仍然向前。

（10）表达感激。生活中，不要把你的家人、朋友、健康、教育等这一切当成理所当然的。记录他人的点滴恩惠，始终保持感恩之心。每天或至少每周一次，请你把它们记下来。

小猫的尾巴

一天，一只小猫拼命追逐自己的尾巴，转着圈儿追，头都转晕了。猫妈妈问：“孩子，你在干什么？”小猫回答：“妈妈，我听说，猫的幸福是自己的尾巴，所以我正在追逐它。一旦捉住我的尾巴，我就得到了幸福。”猫妈妈说：“孩子，听妈妈的话，坐在那里，该玩什么就玩什么。”小猫坐着玩了好长时间。猫妈妈问：“孩子，玩得高兴吧？”小猫欢快地回答：“高兴！”猫妈妈说：“回头看看，你的尾巴是不是一直跟着你？幸福的特点是你越追它，它越躲你。当你该干什么就干什么时，幸福便时刻伴随着你。”

小猫恍然大悟：原来做着该做的事情时，幸福就会陪伴自己。

推荐阅读

1.《幸福的方法》（作者：泰勒·本-沙哈尔，当代中国出版社2007年版）

哈佛大学泰勒·本-沙哈尔博士用充满智慧的语言、科学实证的方法、自助成功的案例巧妙创新编排，让你现在就能把积极心理学应用到日常生活之中。当你开始用开放的心态阅读这本书时，你就会感到人生更充实，身心更统一，当然，你就会更幸福。

2.《中国人》(作者:林语堂,浙江人民出版社 1988 年版)

一向以“两脚踏东西文化,一心评宇宙文章”为座右铭的林语堂先生,在这本书里深刻地描述了中国人,以非凡的洞察力阐释了中国的社会、历史和文化,并将中国人的性格、心灵、理想、生活、政治、社会、艺术、文化等与西方人做了相应的、广泛的、深入的比较,可读性强,读后回味无穷。

3.《王蒙自述:我的人生哲学》(作者:王蒙,人民文学出版社 2003 年版)

推荐理由:王蒙先生结合自己几十年的传奇经历,剖析人生的各个环节,讲述人之为人、人之为事的种种道理;没有空洞的说教,也没有不着边际的高谈阔论,看透人生之根本,析尽人世大小道理。

项目设计

从上述推荐书目/文章中择一精读,写一篇心得体会。

道德人生篇

人在成长中会面临各种各样的人生选择,我们的一生就是不断选择的一生。许多无关痛痒的选择和一些决定我们前途命运的选择,共同组成了我们生活的模式,决定了我们生活的质量。我们选择成为一个怎样的自己? 怎样使自己能够安身立命,完成自己作为人的人生使命? 或许我们可以从道德建设的角度找到人生面临选择时做出充满智慧的选择的方法。

专题一　中西道德观

有两样东西，我们愈经常愈持久地加以思索，它们就愈使心灵充满日新月异、有加无已的景仰和敬畏：在我之上的星空和居我心中的道德法则。

——康德

修身不言命，谋道不择时。

—— 元稹

一、道德及其历史发展

生活在现实社会中的人，都会受到一定社会规范的制约，并在这种制约下建立起自己的生命价值和意义。社会规范人们行为的方式多种多样，最常用的是道德和法律。了解道德的起源和历史发展，对于人对自己人性的认识有重大意义。

延伸阅读

海因茨偷药救妻

在欧洲，一位患有癌症的妇女快要死了，医生认为有一种药可以挽救她，它是同一城市一位药剂师最近发明的一种镭制剂。该药造价昂贵，药剂师又索取比造价贵10倍之多的药价。病妇的丈夫海因茨向他的每一个熟人借钱才凑够了药价的一半。他对药剂师说，他的妻子快要死了，要求把药廉价卖给他，或者让他延期付款。但药剂师说："不行，我发明了这种药，我将用它赚钱。"海因茨非常想得到这种药，于是闯入药剂师的仓库，为他的妻子偷窃了药物。

你认为海因茨该偷药吗？

（一）道德的起源和本质

道德是什么？道德对人们的行为提出的规范是什么？我们如何知道自己的行为是道德的还是不道德的？

1．道德的起源

关于道德的起源，思想家们给出了多种答案。其中最主要的是以下几种类型。

（1）神启论。

神启论的学者认为道德起源于天的旨意或上帝的启示，或是某种外在的绝对观念的产物。中国西汉思想家董仲舒认为，"王道之三纲可求于天"，"道之大原出于天"，把封建道德规范"三纲五常"称为上天的意志，认为违背纲常就是触犯天意。基督教《旧约》中的摩西十诫：孝敬父母、不杀人、不奸淫、不偷盗、不做假证陷害他人、不贪不义之财等，被说成是上帝耶和华对摩西的启示，并通过摩西向教民宣讲教规和道德禁律。德国哲学家黑格尔把道德说成是脱离人而独立存在的绝对精神的产物，而"绝对精神"不过是用哲学装扮过的上帝而已。

（2）天赋论。

天赋论的学者认为美德是人类的天赋，与生俱来，道德的起源是人头脑中固有的"良知良能"、"善良意志"。中国先秦思想家孟子认为："尽其心者，知其性也。知其性，则知天矣。存其心，养其性，所以事天也。"他认为仁义礼智，"非由外铄我也，我固有之也"。明代王阳明认为："是非之心，不虑而知，不学而能，所谓良知也。良知之在人心，无间于圣愚，天下古今之所同也。"道德意识起源于人的内心，人必须倾听内心，只要致吾心之良知，即可得到圆满的知识。德国学者康德认为道德是人本身具有的纯粹理性，理性发端于人的善良意志，善良意志发出的"绝对命令"就是道德。

（3）情感欲望论。

情感欲望论的学者从人的心理过程和生理需要分析道德的起源。从英国的洛克、法国的爱尔维修到德国的费尔巴哈，他们都主张道德就是人类的情感欲望。洛克认为人的心灵是一张白纸，上面没有任何记号，没有任何观念，一切观念和记号都来自后天的经验。他说："我们的全部知识是建立在经验上的；知识归根到底都是来源于经验的。"爱尔维修认为，人一生下来，如果说是无感情的，那么也不存在性格。他坚持一切的心理活动来源于感觉的思想。他认为趋利避害是人的本性，人的一切行为的出发点，是以快乐为评判标准的，使人快乐的就是善，相反的就是恶。情感欲望论者认为人的一切善恶都来源于感官是否快乐。

(4) 动物本能论。

达尔文指出,道德感这种东西有着若干不同的来源,首先来自动物界中维持得已经很久而到处都有的种种社会性本能的自然本性。他认为人类的道德情感和道德规范等均来自动物的社会本能或动物的合群性。

(5) 马克思主义关于道德起源的认识。

马克思主义认为,道德作为一种上层建筑和社会意识,它的产生主要是由客观条件和主观条件相互作用、共同促成的。客观条件是指人类从事的生产实践和在生产实践基础上产生的社会关系。主观条件是指人类自我意识的形成与发展。当人们意识到自己和他人、和集体的利益的不同,以及如何调节彼此之间的矛盾时,道德就逐渐产生,并在一定的社会领域内逐步规范和稳定。

2. 道德的本质

马克思主义认为道德的本质是由社会关系决定的社会意识形态,道德的产生和变化发展、道德原则和规范的具体内容等均由社会关系决定。

(二) 道德的历史发展

社会道德不是一成不变的,而是随着社会的发展变化不断地发展变化着。在人类历史上,在不同的历史阶段,在不同的历史条件下,有不同类型的道德,制约着当时人们的行为。同人类社会形态相适应,人类的道德发展也产生了五种道德类型,即原始社会的部落氏族道德、奴隶社会的道德、封建社会的道德、资本主义社会的道德和社会主义的道德。

原始社会是人类历史上出现的第一种社会形态。由于生产工具简单、粗糙,自然条件恶劣,人们获取食物的能力很低,故人们形成了以血缘关系为纽带的氏族部落,以维护共同的利益,共同占有生产资料,共同抵御自然灾害和其他可能的侵袭。人们在此基础上形成了以共同劳作、相互帮助等为内容的氏族社会内部的道德内容。由于当时人们居住条件和社会关系的局限性,氏族社会的道德只能在本氏族部落内部产生效用,因而道德产生的社会效能和其本身都具有一定的局限性。

随着人类社会进入阶级社会,社会道德随着社会关系的发展变化而产生了相应的变化。在阶级社会中,不同的阶级具有不同的阶级利益,为维护各自不同的利益,彼此之间相互斗争。社会道德也在彼此的斗争中不断发展变化。总体来看,在社会上占有主导地位的统治阶级的道德规范,在当时的社会中起着规范人们行为的作用。例如奴隶社会要求的奴隶对奴隶主的绝对顺从,封建社会形成的宗法等级制度,资本主义社会形成的以追逐金钱为目的的利己主义,等等。在马克思主义思想的引导下,社会主义社会形成了以为人民服务为核心的社会主

义道德。

从人类社会的发展来看,道德的发展同样是一个曲折上升的过程,虽然总体趋势是不断前进和上升的,但也有停滞和倒退的现象。随着社会的发展,道德的发展和进步程度越来越成为衡量一个社会文明程度的重要尺度。

延伸阅读

心理学家关于道德的起源做过一些实验,其中之一是:把五只猴子关在一个笼子里,笼子上头有一串香蕉。实验人员装了一个自动装置,一旦侦测到有猴子要去拿香蕉,马上就会有水喷向笼子而这五只猴子都会一身湿。有只猴子想去拿香蕉,结果当然就是每只猴子都淋湿了,每只猴子在几次尝试后,发现莫不如此。于是猴子们达成一个共识:不要去拿香蕉,以避免被水喷到。后来实验人员把其中的一只猴子释放,换进去一只新猴子。这只新猴子看到香蕉,马上想要去拿,结果被其他四只猴子揍了一顿。其他四只猴子认为拿香蕉会害它们被水淋到,所以制止拿香蕉的行为。新猴子尝试了几次,虽被打得满头包,但还是没有拿到香蕉。后来实验人员依次把旧猴子都换成新猴子,直到所有的猴子都是新猴子,大家都不敢去动那串香蕉,但是它们都不知道为什么,只知道拿香蕉会被其他猴子揍。

思考:利益和共识是否是道德产生的最初动因呢?

二、中西道德观比较

1944 年,一个女子想除掉她的丈夫,便向当局告发她的丈夫,说她的丈夫离开军队休假在家时,曾有过侮辱希特勒的言论。依当时的德国法律,所有不利于第三帝国统治的言论及任何损害德国人民军事防御的行为都是违法的;尽管她丈夫的言论违反了此种法律,但妻子并不负有揭发丈夫的法律义务。结果,依此种法律,丈夫被逮捕并被判处死刑。事实上,丈夫并没有被执行死刑,而是被送到了前线。1949 年,妻子在西德某法院受到追诉,理由是妻子剥夺了丈夫的自由——依据自制定之时至今仍然有效的 1871 年《刑法典》,这是应当受到惩罚的犯罪行为。妻子主张说,丈夫是依据纳粹法律被判处监禁的,因而她是无罪的。案件最后到了上诉法院,该院认为,妻子向德国法院告发丈夫导致丈夫的自由被剥夺,虽然丈夫是被法院以违法的理由而宣判的,但是,这种法律"违背所有正常人的健全良知和正义

观念”，因而该法律是无效的。

思考：① 生活中有还有哪些类似的事件？② 在法律与道德之间，如何权衡规范我们行为的标准？

社会道德按照自身的规律发展前进。不同的道德信念根植于不同的历史土壤之上，折射和反映不同的民族文化。中西方由于历史、文化背景各不相同，就产生了不同的道德信念，但是这些道德信念中有些地方是异曲同工的。马克思指出，人们自己创造自己的历史，但是他们并不是随心所欲地创造，并不是在他们自己选定的条件下创造，而是在直接碰到的、既定的、从过去继承下来的条件下创造。了解和认识中西方不同的道德观，对于我们了解和认识世界的变化发展具有一定的意义。

（一）中国传统道德的历史发展

中国传统道德最早产生于原始社会的尧舜时代。在舜时代提出了“五教”思想。当时的“五教”内容非常简单，据《左传》记载，五教为“父义，母慈，兄友，弟恭，子孝”。这些记载与产生的时代具有一定的时间差异性，因而有人提出质疑。然而不管是否产生于记载的时代，至少是最早有记载的内容。

夏商时期，社会非常重视孝、友等规范，同时出现“六德”，即知、仁、圣、义、忠、和的提法。至春秋时期，提出“礼义廉耻，国之四维”（《管子·牧民》）。《论语》中提出了许多道德规范，最重要的就是仁。同一时期还有许多的思想家对社会规范的建设提出了许多有建设性的意见，如老子的道、墨子的兼爱等。

战国时期，孟子提出仁、义、礼、智四德说，同时提出了“五伦”，即父子有亲，君臣有以，夫妇有别，长幼有序，朋友有信。韩非子的著作中出现了臣事君、子事父、妻事夫的提法，是后来“三纲”的早期形态。

到了汉代，董仲舒提出“三纲五常”。所谓“三纲”，就是“君为臣纲，父为子纲，夫为妻纲”。所谓“五常”，就是仁、义、礼、智、信。但是董仲舒的

提法在具体内容上和前期的儒家思想是有一定区别的,他更强调的是下位对上位的绝对无条件的爱和服从。这也成为后代的思想家一直想改变的主要内容。到了宋元时期,人们总结出“孝悌忠信,礼义廉耻”八德。明清时期,“忠孝节义”四德在当时的生活中成为人们的主要生活规范。这一点在今天的一些风景区仍可略见一斑,如歙县有一景点——棠樾牌坊群,正是这四德的真实写照。

同西方道德相比较,中国传统道德的内容突出地表现在义与利、理与欲、人伦价值的问题上。古代中国人既把信奉仁义当作促进人的自我完善和社会的全面发展的手段,又把信奉仁义当作追求精神自由和人生不朽的目的。孟子提倡“舍生取义”。荀子认为:“义与利者,人之所两有也。虽尧、舜不能去民之欲利……虽桀、纣亦不能去民之好义。”董仲舒认为:“天之生人也,使之生义与利。利以养其体,义以养其心。”义与利的关系,归根到底是道德意识与社会物质生产之间的关系。但是中国古代没有唯物主义史观,不懂得经济基础与上层建筑的关系,只是推己及人,认为利是个人利益的得与失,义是道义,是指一个人应该怎么做或不应该怎么做。比如路不拾遗、拾金不昧等,就是说个人对于原本不是自己的利,应该如何做,如何处置。这实际上是一个道德规范。既然是道德规范就会产生个人选择的问题。于是孔子就教导人们“君子喻于义,小人喻于利”。其实从马克思主义唯物史观的理论来看,义与利是相互制约的。我国历史上有许多这样的传奇故事。

马克思主义承认,人首先得吃、喝、穿。中国古代思想家也认为,“食、色,性也”,饮食男女,都有生存发展的本能愿望。这也符合马克思关于人的属性的认识,即人的自然属性。但是人和其他物种最大的区别并不在于此,而是在于吃、喝、穿、住、用、行如何进行的问题。这就点明了人的欲望要受到理性的制约,这样人才能称其为人。人如何处理欲望与理性的问题,历史上有很多记载,其中最为典型的是“存天理,灭人欲”。

从中国传统道德的历史发展来看,人伦价值一直为人们所重视。孟子明确提出“五伦”的思想,根据人的不同身份规定了当时社会的基本道德规范和要求,对于当时社会的稳定具有一定的保障作用。当然也存在一些不合理和泯灭人性的地方。今天,我们应该加以辨别后吸收。

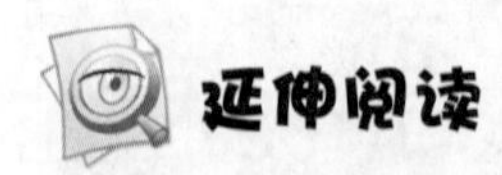

善良是生命的黄金

人世间最宝贵的是什么?法国作家雨果说得好:善良。“善良是历史中稀有的珍珠,善良的人几乎优于伟大的人。”

中国传统文化历来追求一个“善”字:待人处事,强调心存善良、向善之美;与人交往,讲究与人为善、乐善好施;对己要求,主张独善其身、善心常驻。记得一位名人说过,对众人而言,唯一的权力是法律;对个人而言,唯一的权力是善良。

我读到国外的两则小故事。一则是说一场暴风雨过后,成千上万条鱼被卷到一个海滩上,一个小男孩每捡到一条便送到大海里,他不厌其烦地捡着。

一位恰好路过的老人对他说:“你一天也捡不了几条。”小男孩一边捡着一边说道:“起码我捡到的鱼,它们得到了新的生命。”一时间,老人为之语塞。

还有一则故事发生在巴西丛林里。一位猎人在射杀一只豹子时,竟看到这只豹子拖着流出肠子的身躯,爬了半个小时,来到两只幼豹面前,喂了最后一口奶后倒了下来。看到这一幕,这位猎人流着眼泪折断了猎枪。

如果说前一个故事讲的是善良的圣洁,那后一个故事中猎人的良心发现也不失为一种“善莫大焉”。

美国作家马克·吐温称善良为一种世界通用的语言,它可以使盲人“看到”,使聋子“听到”。心存善良之人,他们的心滚烫,情火热,可以驱赶寒冷,横扫阴霾。善意产生善行,同善良的人接触,往往智慧得到开启,情操变得高尚,灵魂变得纯洁,胸怀更加宽阔。与善良之人相处,不必设防,心底坦然。

播种善良,才能收藏希望。一个人可以没有让旁人惊羡的姿态,也可以忍受“缺金少银”的日子,但离开了善良,却足以让人生搁浅和褪色——因为善良是生命的黄金。多一些善良,多一些谦让,多一些宽容,多一些理解,让人们在生活中感受到美好和幸福。这是善良的人们向往和追求的,也是我们勤劳善良的中华民族所提倡和弘扬的。[1]

(二)西方道德的历史发展

古希腊文化为西方文化的理性认识和发展奠定了基础。苏格拉底是最早把关注点转向人本身的。苏格拉底认为自己一生的使命就是把他的同胞从无所用心的状态中唤醒,引导他们去思索生活的意义和他们自身最高的善。

古希腊人非常崇尚勇敢、节制、正义的美德。“柏拉图”在希腊文中的原意就是身体宽广的意思,柏拉图本人非常喜欢体育运动。在当时的希腊,人们都勇敢善战,据说为了锻炼孩子,他们会定期在神庙对其进行鞭打。鞭打时不许孩子哭泣、叫喊、呻吟,愿意接受这样的教育的孩子才是好样的。在当时的雅典,即使贵族的

〔1〕 http://www.jx.xinhuanent.com/yiwen/2003-6/05/content_571850.htm.

住房与服饰也都非常简单，他们愿意把更多的时间和金钱花在所有的公民身上。“无论贫富都在一个食堂里吃饭，所吃的东西都是相同的，都是些粗茶淡饭。仆人、狗、马，都视为公共的产业。奢侈严厉禁止。市上通行的货币只有铁，因为铁很累赘，不能聚藏。住的房子极为简单，屋顶只要用斧头砍平了，门只是用锯子锯开了就是了，器具只要求其足用，做得简单还完全”[1]。关于正义的认识，我们可以选取亚里士多德的观点，他将正义规定为合法和公正，将正义划分为分配正义、矫正正义和交换正义。

但或许是由于当时生产力水平低，古希腊人少有博爱和同情心。以著名的哲学家柏拉图为例，他曾经说过，因为疾病不能再工作的穷人或者奴隶应当让他们死去。在公元前430年的伯罗奔尼撒的战争中，许多生病、受伤、垂危的雅典人被自己的同胞残忍地遗弃。据说，在斯巴达出生的孩子只有一半活过8岁。当时斯巴达的法律规定，孩子生下来后，要由长老代表城邦检查婴儿的身体健康状况，只有被认为身体健康的孩子，才可以继续由其父母养育，那些身体残疾或是瘦小的孩子就被丢弃到山里。

古罗马从一定程度上继承了古希腊的道德因素。对勇敢的崇拜更是无以复加，电影《角斗士》向我们展现了当时的人们对所谓勇敢的崇尚。当你站在斗兽场里时，仔细聆听历史的声音，仿佛还可以听到一场场人为的人兽斗在惨烈地进行着，周边响起的是不分等级的欢呼声。当负者再也无法向命运抗争时，周边的围观人群喊出的是：杀死他。

在历史发展的长河中，西方的道德发展随着基督教的传播逐渐积累了相对稳定的因素，推动着社会的前进和发展。其中的积极成分包括博爱、不可假冒为善、德福一致等，促进了西方社会的文明进步。

博爱。基督教的博爱要求人们不分亲疏薄厚地互爱，强调人们对自己、家人、邻居和陌生人都能施以爱。“爱可使世界改观。世间一切现象，一切灾殃，皆从新眼光去观察，而得一新意义……基督教使厌倦者，悲痛者，孤独者，抬起头来，望着苍天说：上帝，你是爱护我的！”[2]博爱要求人们要有怜悯心和同情心，要求人们平等待人，做到不以强凌弱，不取笑他人的不幸和缺陷。正是这种博爱精神推动了西方慈善事业的发展，同时提高了社会的信任度。从中世纪到今天，西方慈善事业的发展，从某种程度来看都有博爱精神的因素包含其中。

不可假冒为善。《圣经》中记载，耶稣说：“你们要小心，不可将善事行在人的

---

〔1〕 狄金森. 希腊的生活观. 上海：华东师范大学出版社，2006：81－82.

〔2〕 转引自贺麟. 文化与人生. 北京：商务印书馆，2002：134.

面前，故意叫他们看见；若是这样，就不能得你们天父的赏赐了。所以，你施舍的时候，不可在你面前吹号，像那假冒为善的人在会堂里和街道上所行的，故意要得人的荣耀。我实在告诉你们，他们已经得到了他们的赏赐。你施舍的时候，不要叫左手知道右手所作的；要叫你施舍的事行在暗中，你父在暗中察看，必然报答你。"做善事，不宣扬才能称其为美德，这也就不难理解陈光标的慈善行为为什么一直遭到人们的诟病。

德福一致。古希腊人认为，道德就等于幸福。柏拉图认为，要使自己获得幸福，就必须用智慧和德行去追求善和至善。亚里士多德提出，至善即幸福。费尔巴哈认为，同其他一切有感觉的动物一样，人的任何一种追求都是对于幸福的追求。[1]然而在现实生活中，道德和幸福往往是相背离的，德行高尚的人未必幸福，缺德的人未必不幸，甚至过着锦衣玉食的生活。西方关于道德与幸福是否一致的认识，是在实践中逐渐发展的。康德就认为，在至善概念中，幸福不能居主要地位，因为把幸福作为至善的最高条件是与道义论相矛盾的。康德说："道德乃是至上的善（作为是至善的第一条件），至于幸福则构成至善的第二要素……只有在划分了这样一种先后次序之后，至善才能成为纯粹实践理性的全部对象。"[2]从人类历史发展的角度去认识这个问题，德福一致更多的是人们对道德认识的一个应然层面，而现实生活中的德福的不一致，是道德现实的一个实然层面。然而德福一致的期许却有助于人们形成一种道德信仰。

延伸阅读

学生：苏格拉底，请问什么是善行？

苏格拉底：盗窃、欺骗、把人当奴隶贩卖，这几种行为是善行还是恶行？

学生：是恶行。

苏格拉底：欺骗敌人是恶行吗？把俘虏来的敌人卖作奴隶是恶行吗？

学生：这是善行。不过，我说的是朋友而不是敌人。

苏格拉底：照你说，盗窃对朋友是恶行。但是，如果朋友要自杀，你盗窃了他准备用来自杀的工具，这是恶行吗？

学生：是善行。

苏格拉底：你说对朋友行骗是恶行，可是，在战争中，军队的统帅为了鼓舞士

〔1〕 费尔巴哈哲学著作选集：上卷. 荣震华，李金山，译. 北京：商务印书馆，1984：536.

〔2〕 康德. 实践理性批判. 韩水法，译. 北京：商务印书馆，1960：122.

气，对士兵说，援军就要到了。但实际上并无援军，这种欺骗是恶行吗？

学生：这是善行。

思考：什么是善？什么是恶？

三、传统道德的传承与扬弃

对于传统道德的传承与扬弃，我们首先要做出认真的区分，才能把握其精髓与灵魂，对于消极因素进行合理的剔除，才有助于我们继承和弘扬优秀传统道德。提起中国传统道德的继承与弘扬，很多人都会想起五四运动。其中最为大家熟悉的内容来自于鲁迅，鲁迅说："我翻开历史一查，这历史没有年代，歪歪斜斜的每页上都写着'仁义道德'几个字。我横竖睡不着，仔细看了半夜，才从字缝里看出字来，满本都写着两个字是'吃人'！"同样还为我们所了解的是，吴虞在他的《吃人与礼教》中尖锐地指出："我们如今应该明白了！吃人的就是讲礼教的！讲礼教的就是吃人的呀！"乍一看，仿佛五四运动对中国传统道德提出了全面否定的观点。可是如果细看其中的内容就会发现，当时人们反对的正是道德传统中最压抑人性、对社会发展具有阻碍作用的消极、落后、保守的内容。道德既然属于意识形态的内容，它就会为一定的统治者服务。有些对当时社会统治有利的道德规范，就会被采纳和选用，有的就消失在历史的长河中，还有的被边缘化了。

传统道德规范必须随着社会的变迁而转变，实现传统道德的现代性转换，使其适应现代社会的发展，才会对现实社会的人群产生真正意义上的约束力。例如，当传统的书信逐渐淡出我们的生活时，书信的规范模式是否已经不再有生命力了？答案显然是否定的。比如对传统"孝"文化的认识，孔子主张"三年之丧"，认为"三年之丧"是"天下之通丧也"。有一次，宰我对孔子说："三年之丧"的时间太长了，因为，"君子三年不为礼，礼必坏；三年不为乐，乐必崩"，一年就足够了。最后，孔子批评说："予（宰我之名）之不仁也！子生三年，然后免于父母之怀。夫三年之丧，天下之通丧也。予也，有三年之爱于其父母乎？"（《论语·阳货》）孔子坚持三年守丧的做法，在当时的社会就受到了质疑，在生活节奏快速的今天就更不可能推行了。但是，无论时代如何变迁，孝的形式虽然会改变，但是其核心与内涵都不会变。下面我们来对古今二十四孝做一对比。

传统二十四孝行为标准

① 孝感动天;② 戏彩娱亲;③ 鹿乳奉亲;④ 百里负米;⑤ 啮指痛心;⑥ 芦衣顺母;⑦ 亲尝汤药;⑧ 拾葚异器;⑨ 埋儿奉母;⑩ 卖身葬父;⑪ 刻木事亲;⑫ 涌泉跃鲤;⑬ 怀橘遗亲;⑭ 扇枕温衾;⑮ 行佣供母;⑯ 闻雷泣墓;⑰ 哭竹生笋;⑱ 卧冰求鲤;⑲ 扼虎救父;⑳ 恣蚊饱血;㉑ 尝粪忧心;㉒ 乳姑不怠;㉓ 涤亲溺器;㉔ 弃官寻母。

新二十四孝行为标准

① 经常带着爱人、子女回家;② 节假日尽量与父母共度;③ 为父母举办生日宴会;④ 亲自给父母做饭;⑤ 每周给父母打个电话;⑥ 父母的零花钱不能少;⑦ 为父母建立"关爱卡";⑧ 仔细聆听父母的往事;⑨ 教父母学会上网;⑩ 经常为父母拍照;⑪ 对父母的爱要说出口;⑫ 打开父母的心结;⑬ 支持父母的业余爱好;⑭ 支持单身父母再婚;⑮ 定期带父母做体检;⑯ 为父母购买合适的保险;⑰ 常跟父母做交心的沟通;⑱ 带父母一起出席重要的活动;⑲ 带父母参观你工作的地方;⑳ 带父母去旅行或故地重游;㉑ 和父母一起锻炼身体;㉒ 适当参与父母的活动;㉓ 陪父母拜访他们的老朋友;㉔ 陪父母看一场老电影。

将新老二十四孝放在一起进行比较研究,就会发现无情的历史具有大浪淘沙的功能。孝没有变,变化的是对父母孝的形式。这也是社会发展对继承和弘扬传统道德提出的必然要求。

传统道德文化的继承和弘扬,还应注意吸收外来文化的优秀成果,借鉴西方道德系统中的有益成分,丰富和发展中国传统道德体系。张西平教授说:"百年烟云,沧海一粟。当今天东西方又重新回到一个平等的起点时,当哥伦布所起航的世界一体化进程已成铺天大潮之时,回顾近四百年的中西文化思想交流历程,我们应从整体上对中西关系作一新的说明,或者说我们应当将中国放入世界近代化的进程中,把世界作为一个整体来重新考虑中国的文化和思想重建问题。"[1] 任何一个民族或国家的文明发展和道德进步,都要吸收借鉴其他国家或民族对人类社会发展进步的积极因素。对于外来文化,只要我们坚持马克思主义的立场、观点和方法,在批判的基础上加以借鉴、吸收,剔除糟粕,对中国传统道德的继承和弘扬就是有积极意义的。

〔1〕 张西平. 中国与欧洲早期宗教和哲学交流史. 北京:东方出版社,2001:8.

陈光标离美国式“高效慈善”有多远?[1]

董小娇

比尔·盖茨曾直言不讳地说,“中国的富人购买了很多西方国家富翁品位的东西:艺术品、私人飞机、葡萄酒和爱玛仕手袋,但他们还没有接受一个最重要的东西,那就是慈善”。陈光标以特立独行的方式向世界宣告:中国富翁也热衷慈善——美国时间2014年6月25日中午,陈光标将在纽约中央公园的船坞酒店邀请1000名穷人、流浪汉免费用餐,并分发每人300美元。

陈光标是在上星期的《纽约时报》和《华尔街日报》刊登这一邀请广告的。其中,《纽约时报》是半年前陈光标宣称愿倾家荡产收购的媒体,不知其主编在刊登这则广告时做何感想。言归正传,陈光标这则广告可以说一石激起千层浪,中国媒体和美国媒体都高度关注,对于陈光标的评价铺天盖地,毁誉参半。

面对陈光标在美国一掷千金的豪举,有的国人大声疾呼:中国更需要你。似乎陈光标漂洋过海到美国做慈善有些舍近求远,而且国内的一部分人生活贫困,他们是否应该比美国人优先得到援助呢?慈善本没有国界,尤其是在全球化的今天,慈善是超越国界的人性表达和文化传播。在2007年,比尔·盖茨曾宣布,五年内捐资5000万美元来帮助中国预防和控制艾滋病传播。人家能主动上门来帮助我们,我们为何就不能走出国门去帮助他人?如果因为陈光标是中国人,就将优先救助国民设置为一个慈善的标准,这难免有些“肥水不流外人田”的小家子气,而且也是对慈善本身的一种道德绑架。

陈光标的善举惠及了很多人,但他的“高调”同样也让很多人感到不舒服。高调行善是陈光标的一大特点,他说,高调慈善是受到雷锋精神的启发,做好事就要告诉别人,目的是带动更多的人来做好事。

然而,这种方式却遭到越来越多的质疑,此次陈光标美国大宴穷人,部分中国媒体称之为高调作秀,美国媒体更是毫不避讳地将他称为“古怪的中国大亨”。这种说法未免有些“委屈”了陈光标,这次活动并不存在弄虚作假,毕竟陈光标付出的是真金白银。

那么,为什么陈光标在美国为穷人一掷千金却没有买来好口碑呢?陈光标的慈善方式跟美国富豪不太一样,美国人做慈善注重机构化和协调性,而且实在、低

---

〔1〕 http://news.xinhuanet.com/gongyi/2014-06/26/c_126673789.htm.

调,比如比尔·盖茨建立一个基金会,这种方式更为长远。而陈光标此次慈善活动更像是一次性的广告宣传,缺乏持续性和系统性。

晒钱、发钱、砸车、送房,陈光标的慈善活动总是率性而为,让一部分人另眼相看,又让另一部分人嗤之以鼻。但不管怎样,陈光标在以他的方式为慈善事业发声,而"陈式慈善"在方式上的不妥之处也让更多人思考如何才能形成合理的"高效慈善"运作机制。

"陈式慈善"距离"高效慈善"有多远?首先,陈式慈善缺少人文关怀,在他的慈善活动中,被援助者像贴上价签的商品一样暴露在媒体的聚焦之下,这种"义举"在物质上是施救,在精神上则是施虐。其次,"陈式慈善"过于简单和短视,仅停留在"授人以鱼"的层面上。以此次美国穷人之宴为例,陈光标将焦点放在"宴请"和"发钱"之上,使得这次慈善活动更像是弱者们一次短暂的狂欢。相比之下,沃伦·巴菲特的做法高明得多,他连续15年在线公益拍卖与他共进午餐的机会,并与嘉宾分享投资经验。同样是"宴请",陈光标让人得到的是一时之利,而巴菲特则教人生存的长久之计。

马云曾经说:把钱捐出去挺难。以公众能普遍接受、科学合理的方式把钱捐出去更难。乐善好施是中国人的传统美德,但是"富人该如何经营慈善事业"却是一个近几年才进入公众视野的一个新话题:富人是否该捐?该捐多少?怎样捐助?政府扮演什么角色?目前中国的慈善事业并不成熟,还没有形成"高效慈善"的运作体系。其实,媒体和公众与其为"陈式慈善""欲人知"还是"不欲人知"、"高调"还是"低调"、"真慈善"还是"假作秀"这样的问题争论不休,不如关注如何才能使"陈式慈善"实现从简单到高效的蜕变。

项目设计

行善的方式很多,只要你愿意。如果你没有钱可以布施,你还有爱心可以回报他人。弯弯腰,你就爱护了一棵树的生命。原谅一个伤害过你的人,痛苦就不会传递,宽容会在两个人之间赛跑。用微笑看待你身边的人和事,你会觉得天空变得不再阴沉。经常与你的父母联系、沟通,你会发觉有时显得蛮横、不讲理的父母,原来是如此爱你……当你向世界付出爱时,世界就会张开臂膀用爱来拥抱你……

请你从今天开始为自己种植道德树——坚持日行一善。

专题二　当前道德领域突出问题的治理

一、当前道德领域的突出问题

改革开放以来,随着经济社会的快速发展,我国社会主义道德建设也取得了长足的进步。同时,我们也必须正视,在对外开放和发展市场经济过程中,商业功利主义和工具理性对人的道德情感不断侵蚀,道德领域也出现了许多新情况,新问题,一些领域出现了多种道德滑坡现象,有的还比较严重。比如,一些企业和个人一切向钱看,弄虚作假,坑蒙拐骗,制造假冒伪劣商品,污染环境,进行钱权交易。比如这几年引起国人广泛关注的"郭美美事件"导致的慈善机构的信任危机、"三鹿奶粉"引发的企业诚信危机、"老人跌倒该不该扶"引起的个人道德问题等。当前道德领域的问题呈现出了多样性的特点。党的十八大报告指出:"一些领域存在道德失范、诚信缺失现象。"

1. 道德失范

道德失范是指在社会生活中,作为存在意义、生活规范的道德价值及其规范要求或者缺失,或者缺少有效性,不能对社会生活发挥正常的调节作用,从而表现为社会行为的混乱。

《辽宁日报》的不完全调查显示,当前我国社会道德失范行为的表现有如下几方面:

(1) 见死不救,人情冷漠。例如,2011 年,广东省佛山市两岁女童小悦悦先后被两辆汽车撞伤倒地,起初十余位路人经过,无人施救。2011 年 10 月,浙江省平湖世纪商业中心,一名男子爬上室外楼梯的五楼,说要跳楼时,楼下观望的围观者中竟然有人喊:"跳吧,跳吧。"对他人的痛苦,不仅视而不见,还要雪上加霜,助人为乐这一传统美德严重缺失,当社会中不是一人而是多人或一个群体都沦落为冷漠的看客时,尊重生命的道德底线就轻易被突破。

(2) 不孝顺父母,亲情冷淡。啃老族和空巢老人的频频出现,表明孝老的中华传统美德逐渐缺失。

(3) 部分医生缺少医德,造成医患矛盾。一些拜金主义的医生,开天价药,收红包,损坏了整个医生群体在患者中的形象。

(4) 缺少公共文明意识。在公共场所大声喧哗、乱扔垃圾、随地吐痰等缺少社会公共意识的道德失范现象普遍存在。

2. 诚信缺失

诚信对人的要求可以从两个层面解释。诚指的是自我的修养,忠诚于自我的内心要求,既不自欺,也不欺人;信则侧重主体的对外行为,就是重诺言,讲信誉,守信用。诚实守信是中华民族的传统美德。孔子提出,"人而无信,不知其可也","民无信不立",诚实守信是人安身立命之本。

近年来我国出现了严重的诚信缺失现象,学者杨旭在对我国诚信缺失问题研究后,将诚信缺失现象概括为以下几个方面:

(1) 政府信用降损。一些地方政府官员为了所谓的政绩,虚报瞒报,欺上瞒下,捏造数据。如杭州市前一段时间还在为汽车限购辟谣,突然就发布了汽车限购令,使公众对政府的政策和承诺的信任度下降。

(2) 不良生产商利欲熏心,食品安全问题尤为突出。从三聚氰胺毒奶粉事件,到上海福喜集团的过期肉事件,这些违反诚信原则,生产假冒伪劣商品的行为,已经给我国的经济造成巨大的损失。

(3) 个人诚信缺失问题严重。利用他人的善良骗取钱财、考试作弊、欠债不还等一系列个人诚信缺失行为,使人与人之间的信任度一再下降。

延伸阅读

最高人民法院发布《关于公布失信被执行人名单信息的若干规定》(以下简称《规定》),提出六种行为要被纳入"老赖黑名单"。该规定将自2013年10月1日起施行。

《规定》列明了6种情况,被执行人具有履行能力而不履行生效法律文书确定的义务,法院应当将其纳入失信被执行人名单,并依法对其进行信用惩戒,惩戒对象包括:以伪造证据、暴力、威胁等方法妨碍、抗拒执行的;以虚假诉讼、虚假仲裁或者以隐匿、转移财产等方法规避执行的;违反财产报告制度的;违反限制高消费令的;被执行人无正当理由拒不履行执行和解协议的;其他有履行能力而拒不履行生效法律文书确定义务的。

《规定》表明,一旦法院决定将被执行人纳入失信名单,该决定会立即生效。《规定》还要求各级法院应当将失信被执行人名单信息录入最高法院失信被执行

人名单库，统一向社会公布。[1]

二、道德领域突出问题产生的根源

资本如果有百分之五十的利润，它就铤而走险；如果有百分之百的利润，它就敢践踏人间一切法律；如果有百分之三百的利润，它就敢犯任何罪行，甚至冒着绞首的危险。

1. 市场经济对道德的影响

市场经济给中国社会带来了巨大的变化，人们在解决温饱问题的同时，却必须面临一些前所未有的困惑。

首先是经济关系的变化，引发了社会生活一系列的变革。原有的社会道德规范体系正在逐渐丧失原有的发挥作用的社会基础。中国传统道德规范体系是建立在小农经济基础之上的，对应的我国的社会结构模式主要是家族伦理之社会。这样的社会结构人口流动较少，人员基本固定在一个相对比较稳定和熟悉的生活圈中，在这样的生活领域，人与人之间比较熟悉，相互了解。道德规范作为一种自律手段，甚至具有了他律的效果。而随着生产方式的发展和社会分工的细化，人口的流动呈现加剧的状态。李克强指出："目前我国每年从农村转移到城镇的人口有1000多万，相当于欧洲一个中等国家的人口总量，未来较长一段时间我国城镇人口还将增加3亿左右，相当于美国人口的总量。"[2]人口流动的速度如此之快严重破坏了传统道德的约束力。面对互不熟悉的人群，人与人之间伦理的约束没有了，传统道德正在逐渐丧失对人们行为规范的约束力。

其次，市场经济是以"经济人"利益最大化为前提的制度安排，商品交换的过程中利益与道德的冲突是经常发生的。社会中出现了"一切向钱看"的企业和个人，为了经济利益弄虚作假、坑蒙拐骗，制造假冒伪劣产品等。正如亚当·斯密在《国富论》中指出的：在经济活动中人的本性是自私的，由于这种利己的本性，所以人都要追求个人利益，在这个过程中人们是否还会思考他人利益？市场经济可能是最能考验私欲与道德、利己与利他的经济形态。斯密明确地说："我们每天所需

---

〔1〕 高健. 六种行为要入"老赖黑名单". 北京日报，2013－07－20(2).

〔2〕 李克强. 协调推进城镇化是实现现代化的重大战略选择. 行政管理改革，2012(11).

要的食料和饮料，不是出自屠户、酿酒家或烙面师的恩惠，而是他们自利的打算。[1]”市场经济承认人的利己行为的合理性。有人认为，建立在完全竞争市场上的经济利益追逐、市场的运作，可以自动达到资源配置最佳状态和生产与分配的均衡状态，而忽视了市场经济同样需要具有利己心的“经济人”受到道德约束。正如王小锡教授所言：在市场经济条件下，经营者不仅是一个“经济人”，同时也是一个“社会人”。作为一个“经济人”，他得受营利目标的制约，处处追求经济利益；作为一个“社会人”，他同时又要履行自己应尽的道德义务，时时讲求社会效益。[2] 如果社会都以产生经济利益为第一位，我们的生活中就会处处出现危机。从日益紧张的医患关系，信誉下滑的奶制品行业乃至整个食品行业的信誉危机，到“郭美美事件”引发的对红十字会的信任危机，人与人之间的信任度降到前所未有的地步，令人不得不思考其中的缘由。这些无不在呼唤建立适应社会生活发展现实的道德规范。

延伸阅读

民国时红十字会如何应对信誉危机[3]

吴　钧

1911年10月，中国红十字会还处于草创时期，却突然碰上一场说大不大、说小不小的信誉危机。

危机是由一名广东籍奇女子引发的——她叫张竹君，广州人。1911年辛亥革命爆发，南北交战。当时在上海开办医院与女校的张竹君，便发起成立一个“中国赤十字会”，赴前线救援伤员。

在“中国赤十字会”成立之前，中国其实已经有一个“大清红十字会”，那是由原来的“上海万国红十字会”改组而成的官立红会，盛宣怀曾担任过会长。武昌起义发生后，“大清红十字会”因为具有浓厚的官办色彩，难以中立；又因为官僚体制的僵化，运转不灵。而“上海万国红十字会”的缔造者、上海绅商沈敦和，非常不满红十字组织的官方化，干脆自立门户，再造“万国理事会”，成立“中国红十字会”。

就这样，在1911年10月的大上海，出现了两个红十字组织，一是新派女性张

〔1〕 斯密：国民财富的性质和原因的研究：上卷. 北京：商务印书馆，1977：14.

〔2〕 王小锡. 道德资本与经济伦理. 北京：人民出版社，2009：563.

〔3〕 吴钧. 民国时期红十字会如何应对信誉危机. 南方都市报，2014-08-10.

竹君发起的“中国赤十字会”，一是上海绅商沈敦和领衔的“中国红十字会”。遥远的北京城内，还有一个近乎瘫痪的“大清红十字会”。

就在这个时候，张竹君在上海《民立报》上发表一封公开信《张竹君致沈仲礼书》（仲礼为沈敦和之字），指责沈敦和一再改组红十字会，无非是为了掩饰私吞善款的贪赃行为。

张氏公开信又说，沈敦和组织“上海万国红十字会”时，广东方面“汇至公处者二万金，他国他省可以类推，而公未尝有一次报告”；“公倘尚恤人言，则请将八年来收支之数报告，否则当以吾粤所捐二万金还诸吾粤”。

沈敦和选择在《申报》发表回应张竹君质疑的公开信《沈仲礼驳张竹君女士书》，信中解释说，自红十字会成立以来，他本人一直没有经手任何公款，“红十字会财政历由会计总董施子英观察主持，逐年账目俱在”；“总董文案及管理银钱者兼为查账董事，账目至少一个月查一次”。之所以最后结算的账目未造册公告，是因为红十字会投资的公益项目刚刚完工，“造竣后自当刊册宣布，女士拭目俟之可矣”。

沈敦和一一回应张竹君的诘难，没有回避即使是最尖刻的质问。从当时的社会反馈来看，沈敦和的“危机公关”是成功的，张竹君咄咄逼人的发难，并未让红十字会的信誉受损，公众对红会的支持未见减退。

当时红十字会本身已初步建成一套值得信赖的制度。晚清、民国时期的慈善组织都有一个惯例，即定期在《申报》、《大公报》等报章上刊登鸣谢广告，将每一笔捐款的数额一一列出，以示感谢，同时也接受社会监督，这种广告叫作“征信录”。有些慈善组织也会自己编印“征信录”，将一个结算期内的各项收支明细，罗列在册，分送社会各界。沈敦和主持的红十字会，也一直按照惯例刊登、编印“征信录”。

沈敦和曾参与组建的华洋义赈会，其财务制度尤其周密：每一年，总会的事务所司库都会将本年度总会和各分会资产、收支、负债、积存、赈款用途等情况，一一造册列明，向执委会报告，执委会则聘请第三方机构对年度收支状况进行核查，审查无误后，汇总编入总会账目，并编印成《华洋义赈会年度赈务报告书》（即“征信录”），以中英文公之于众。

士绅的精神，周密的制度，这是近代中国民间慈善事业得以大放异彩的两大因素。

2. 各种不同的人生价值观

价值在不同的学科领域有不同的解释。哲学上是指现实的人的需要与事物属

性之间的一种关系。也就是说某事物或现象满足了人的某种需要。价值基本上可以分为三类,即物质价值、精神价值和人的价值。

人的价值就是人生价值,是指一个人在一生中对人类社会的延续与发展所做出的贡献和所起的作用。也就是说,一个人的人生是否有价值,并不体现于人本身之中,而是体现于人与社会、与他人的关系之中。人生价值观就是人们对人生价值的总的看法。人生价值观反映着一定社会的政治和经济关系,并随着社会政治经济关系的变化而发生变化。不同的社会,不同的人,有着不同的人生价值观。

随着市场经济的发展、改革开放的深入、外来文化的影响,社会上原有的一元价值观体系受到了不断的冲击。随着许多新的利益群体的出现,不同的利益群体有着不同的价值标准和价值追求,也就导致了人生价值观的多样化发展。追求金钱的人,更多地表现为拜金主义的人生价值观,只追求个人目标的实现,容易陷入利己主义的人生价值观等。总之,人们的行为都受到价值观的影响,人生价值的实现,是人们对未来生活的美好愿景,在这样的愿景下,人们逐一区别在生活中,什么是好的,什么是有价值的,什么是值得追求的。价值观作为对未来生活的指导,一定会反映在现实生活的行为中。

三、治理思路

道德行为失范、诚信缺失,表面上看是社会成员的个体行为,人们总是倾向于从个体本身寻找失范行为的原因。然而,当一个失范行为成为一种群体行为时,这可能就不是单个人的问题。例如,哈尔滨工业大学工商管理硕士考场上的集体作弊行为,中国式过马路现象,在一些影院、景点当孩子的身高超过收费线时,孩子在家长示意下的一弯腰。为什么社会上会出现这样较为普遍的群体失范现象?是麻木沉沦?是以丑为美、以耻为荣吗?当这种现象成为一种常态时,就必须思考背后更深层次的社会原因,才能找到消灭这种现象的有效途径:从宏观的角度为社会成员提出行为的标准——社会主义核心价值观,从微观角度倡导家庭教育形成良好的家风,道德与法律并抓。

1. 积极倡导和践行社会主义核心价值观

随着经济全球化、文化多元化、信息化的日益发展,当今世界各国都在积极论证和建设本国国民的核心价值观,倡导和加强核心价值观的认同和传播。

认同和践行核心价值观,能够有效地解决价值观一元化和多元化之间的冲突。核心价值观对照的是整体——国家和社会发展的共同利益和要求。任何一个社

会、任何一个国家要实现持续发展、和谐交往都需要有一个基本的价值认同——核心价值观。亨廷顿在《我们是谁》一书中，反映了对多元文化盛行下，美国主流价值观变迁和消解的担忧，这样的主流价值观是美国从 1880 年就开始构建和加强价值认同的。从这本书中，我们还可以发现，一个国家的主流价值观将一国人民同他国人民区别开来，这就显示了价值观还具有身份认同的作用。多元价值观应对的是个体的利益和需要，多元价值观反映的是不同利益体的不同诉求。在一个开放发达的国家和社会，价值观的一元化和多元化共存，既是对一个社会个体的包容、开放，也是对群体的积极引导和共同发展的需要。核心价值观和多元价值观是针对不同价值领域和生活范围的问题提出的价值指向，两者相互影响、相互作用。

中国是一个多民族、多元文化共同发展的国家。如何形成社会价值共识，推进社会和谐持续发展就显得尤为迫切。党的十六届六中全会通过的《中共中央关于构建社会主义和谐社会若干重大问题的决定》强调："建设和谐文化，是构建社会主义社会的重要任务。社会主义核心价值体系是建设和谐文化的根本。"党的十七大报告进一步明确指出："建设社会主义核心价值体系，增强社会主义意识形态的吸引力和凝聚力。"党的十八大报告还明确提出："加强社会主义核心价值体系建设，社会主义核心价值体系是兴国之魂，决定着中国特色社会主义发展方向。要深入开展社会主义核心价值体系学习教育，用社会主义核心价值体系引领社会思潮、凝聚社会共识。倡导富强、民主、文明、和谐，倡导自由、平等、公正、法治，倡导爱国、敬业、诚信、友善，积极培育和践行社会主义核心价值观。"

社会主义核心价值观从价值层面解决了社会应遵循的价值准则，在具体利益矛盾、各种思想差异之上最广泛地形成价值共识，为国家建设和社会发展提供先进的价值导向和理想信念，为个体的价值判断、行为方向提供了明确、稳定的价值依据和评判标准。社会主义核心价值观有利于社会达成共识，凝心聚力，对于当今社会道德领域出现的突出问题的治理具有引领作用。

2. 重视家风建设

家庭是组成社会的基本细胞，是人与人之间的特殊关系，也是个人与社会联系的重要纽带。家庭是个体成长的起点，是一个人受教育的第一课堂，家庭对个人的教育是不容忽视的。在家庭教育中人们感受到了人世最美好的情感。

我国历史上有很多关于家庭教育的内容，如孟母三迁、岳母刺字、画荻教子等。关于家庭教育的书籍，最早可以追溯到《颜氏家训》、《朱子家训》、《曾国藩家书》等。诸葛亮在《诫子书》中讲："静以修身，俭以养德。非淡泊无以明志，非宁静无以致远。"《中华人民共和国婚姻法》中有明确规定：父母对子女有抚养教育的义务，有管教和保护未成年子女的权利和义务，同时是未成年子女的法定代理人和监

护人。子女对父母有赡养扶助的义务，即经济上的必要帮助和精神上的关心。总之，无论是在道德层面还是在法律层面，家庭教育都是一个人一生中必不可少的组成部分。

然而，随着社会的发展和进步，我国家庭的形式已发生了重大变化。原来家族式的家庭单位基本消失，四世同堂的大家庭正在日益减少，小型化家庭（三口、四口之家）逐渐成为社会家庭的主要模式。独生子女家庭的孩子出生以后，失去了以往最好的同代交往模式，家庭中只有父辈、祖辈。两代人对第三代的爱基本上是单方面的付出，加之望子成龙、望女成凤的心理作祟，家庭教育基本上就只有文化知识教育，而忽视了对孩子的人格教育。

家庭对个人承担的道德教育可以从以下几个方面进行。第一，家长言传身教。罗伯特指出，父母和教师如何面对生活，如何做出决定，如何待物接人，以及如何通过行动表现内心的猜测、欲望与价值观，这些都会成为孩子日后的行为标准。第二，注重培养孩子的责任意识。无论是孝亲爱老还是遵守公德，这些内容都包含责任的成分。父慈子孝，既有长辈对小辈的责任担当，也有小辈对长辈的责任担当。责任意识的培养既包括了家庭的责任意识，又包括社会的责任意识。

3. 道德与法律兼治

道德与法律作为规范人们行为的基本手段，是相互补充的。道德和法律在现实生活中具有不同的规范和调节作用。从两者发挥作用的特性来看，法律强调的是必须做什么、禁止做什么，否则就必须受到相应的惩罚。从这个层面来看，完善的法律制度对于人们的行为规范具有明确的规定性和强迫性。例如在德国，即使在自家使用壁炉也有严格的规定，每个月只能使用 8 天，每次不得超过 5 小时，对使用的燃料也有规定，燃料必须要使用自然放置两年的干木柴。这样一个似乎不涉及其他任何人的行为，为什么会有如此精确的法律规定？联想一下近几年我国大部分地区的严重雾霾天气，就很容易理解了。法律无法强迫人们从内心认同，却又是社会发展过程中人们共同的行为标准。人们会因为害怕法律的惩罚而免于违法，但是法律也有不完备的一面，生活中难免会有人钻法律的漏洞，从而免于受到法律的制裁。正如罗尔斯顿所说："法律能禁止那些最严重的违规行为，但却无法使公民主动行善。"[1]法律的属性决定了它不可能把复杂而广泛的社会关系全部纳入其调控的范围，因而其发挥作用的范围是有限的。道德发挥作用的领域更加广泛，它能调整许多法律效力所不及的问题，深入生活的方方面面。道德对人们行为的调节是通过内心信念、社会舆论、风俗习惯等方式，对人们的行为形成内在的

〔1〕 黑格尔. 哲学史讲演录:第 1 卷. 贺麟,等,译. 北京:商务印书馆,1959:166.

约束力,因而道德可以深入人们的精神世界。个体道德素质的提高,为法律的实施创造更好的社会条件。

道德领域的突出问题的形成不是一朝一夕的,由历史的原因、社会发展的原因和个体的原因多方面共同促成,因而解决道德领域的突出问题,也绝不是一朝一夕的事。明确的治理思路的形成,新的社会规范的形成和认可,人的转变都需要一定的时间。人类社会正是在不断解决问题的过程中不断进步、不断完善。

延伸阅读

美国“食毒时代”如何由乱而治〔1〕

陈北元

我们的现在,就是美国一百年前所经历的!他们如何由乱而治?

“食品仓库里垃圾遍地,污水横流。坏了的猪肉被搓上苏打粉去除酸臭味,毒死的老鼠被一同铲进香肠搅拌机……”这样的食品制造场景,让人想想就吃不下饭。这是美国作家厄普顿·辛克莱的纪实小说《屠场》所描写的场景,也是20世纪初美国食品工厂的真实场景。

据说,有一天,老罗斯福总统在白宫边吃早点边读这本小说。读到那令人作呕的段落,总统大叫一声,跳起来,把口中尚未嚼完的食物吐出来,又把盘中剩下的一截香肠用力抛出窗。

这短短15页的描绘,不仅使罗斯福总统大倒胃口,也令整个社会处于一种怒不可遏的状态。《屠场》的热销,使得美国食品安全的真相被越来越多的人所知晓。1906年,在老罗斯福的推动下,《纯净食品和药品法》通过。从1900年到1960年,被学者称为消费者的“觉醒时期”。1960年后,被称为消费者的“成就时期”。美国总统肯尼迪于1962年3月15日向国会提交了举世闻名的《关于保护消费者利益的总统特别咨文》,强调“人人均是消费者”,并指出了消费者的四大权利。此后,3月15日被定为消费者权益保护日。

纳德将消费者维权推入新时代

这一时期产生了一位影响美国消费者权益保护运动的关键人物——被称为“现代消费者运动之父”的拉尔夫·纳德。在纳德之前,所谓保护消费者权益还只是个浅薄的观念,内容不过是购买价格最便宜的商品等鸡毛小事。纳德不同于过

〔1〕 陈北亢. 美国“食毒时代”如何由乱而治. 南方周末,2008-10-02.

去的丑闻揭露者,他将他主持的报告作为行使公民职责的模范实践予以介绍,并组建能行使“小人物”权力的组织,以期能够鼓励其他人采取同样的行动。纳德认为“这是一项社会创举,它将为国家带来公正和持久利益”。

纳德专注于那些在美国经济和法律中明显存在但又难以察觉的不公正。他的每一项调查都会促使政府制定出相应的安全法律法规或迫使某个行业采取改进措施,为消费者保护运动增添了许多实实在在的内容。后来担任美国公共事务组织主席的纳德曾被《时代》周刊认为是美国最难缠的消费者,并于1979 年被《美国新闻与世界报道》选为20 世纪最有影响力的100 名美国人之一。

像纳德这样的消费者维权研究者和行动者,也正是目前质量问题层出的中国最需要的。

惩罚性赔偿让福特公司大出血

1981 年,美国一位父亲在驾驶福特公司生产的 Pinto 汽车途中发生爆炸,导致车上小孩严重烧伤。经法庭调查,福特汽车公司早已知悉该型号汽车有瑕疵。该公司根据计算,认为全部召回该型号汽车加以修复的成本为 1 亿美元,而车着火致人死亡每件赔偿20 万美元,因而决定不召回。

法庭认为:被告福特公司基于成本效益分析,视被害人为一种价格,而非人的尊严,其不法行为刻意漠不关心他人安全,严重蔑视被害人的价值,遂判决被告福特公司赔偿受害人惩罚性赔偿金 1.25 亿美元。这就是著名的詹姆斯诉福特汽车公司案。

在美国的消费者保护运动过程中,同时伴随着保护消费者和提高产品质量这两大法律制度的日趋成熟。在这一进程中,惩罚性赔偿和集团诉讼制度更是功不可没!

被认为建立惩罚性赔偿金制度的 Wilkes 诉 Wood 一案,确立了惩罚性赔偿的重要原则:惩罚性赔偿重点用于大规模产品质量侵权事件,以惩罚无良的大公司。

这样的制度设计正是美国的法律制定者认准了不良企业主的死穴。众所周知,追求利润最大化是商人、企业家的本性。在利润刺激下,人很可能有一种难以遏制的犯罪冲动,如果悬一把足以叫你倾家荡产的达摩克利斯之剑——动辄上亿、几十亿美元的惩罚性罚款,企业主就会时时惧怕违法的巨大代价,从而加强自律。

集团诉讼扳倒制药巨头

2007 年11 月,美国默克制药公司表示愿赔偿48.5 亿美元,以了结美国大约5 万宗与“万络”有关的集团诉讼。

在美国,集团诉讼最早是在1848年纽约州民事诉讼程序立法时获得确认的。早期,主要针对数额较小的消费者权益纠纷,在这种案件中单个受害的损失较小,如果每个受害者单独诉讼则得不偿失。而集团诉讼制度允许某些当事人未经其他受害者的明确授权,代表他们提起诉讼,并要求赔偿整体所遭受的损失。这样,诉讼的金额成为巨额,当事者可以在充分准备的前提下进行诉讼,挽回损失。因此集团诉讼又被称为“消费者诉讼”。

集团诉讼制度的成熟则更彰显了对弱势消费者的保护,被称为“美国的法律天才们最具特色的成就”。集团诉讼适应了现代社会解决纠纷的需要,并具有对群体性纠纷予以救济的功能,成为一种现代诉讼形式。

正如很多人指出的,如果大众侵权案件不能继续进行集团诉讼,那么会产生很多不利的后果。个人诉讼的成本通常远超出胜诉后获得的赔偿。如果没有集团诉讼,公司所进行的非法甚至危险的行为就无法被制止。针对单个散在的消费者而言,集团诉讼可以帮助消费者获得与强势生产者对等博弈的机会。

项目设计

对于社会道德失范现象,作为大学生,我们应该从我做起,让自己远离不文明行为,并成为社会上其他人行为的楷模。正所谓你我前进一小步,社会前进一大步。

1. 设计问卷调查大学校园中的不文明行为,并对问卷进行分析和总结,针对问题提出解决方案。

2. 比一比,看谁最棒:设计一张宣传社会公德的海报。

专题三　提高修养　完善人格

一定的社会道德行为规范，只有转化为个人的行为品质，才能发挥其规范人们行为的作用，才能真正提高人的修养，完善人格。

一、大学生培养道德品质的意义

道德品质的形成是自身不断修炼、不断实践的过程，个人通过不断增强道德情感、提高道德判断力、培养道德信念，最终形成符合社会要求的道德品质。道德品质是大学生综合素质的重要方面，对大学生成长、成才的作用表现在以下几个方面。

1. 道德品质的培养有利于大学生做出正确的道德价值判断

培养道德品质最重要的是形成正确的道德观。道德观是大学生根据自己的道德需要对各种社会现象是否具有道德价值做出判断的内在尺度。作为一种价值判断，不管人们自觉还是不自觉，愿意不愿意，道德观都会对人们的行为形成一定的引导作用。人们在社会生活环境中，会对社会行为进行选择、判断，形成自己的道德判断标准。大学生进行道德观学习，对于形成道德信念，自愿接受道德规范，并外化为道德行为具有重要的现实意义。

2. 道德品质是个人成长的内在动力

通过社会实践，进行道德品质的学习，有利于大学生潜能的开发。良好的道德品质可以激发个体在社会生活中主动协调自身与他人、个体与集体之间的关系，为个体的成长、成才创造良好的外部环境。

3. 道德品质是塑造完美人格的必要条件

人格是人的地位和尊严、气质和学识的总和。高尚的情操、优秀的品质、坚强的意志和文明的行为，是塑造完美人格的必要条件。一个道德品质不好的人，不可能具有良好的气质和风度，拥有再多的学识对社会的发展都是有害无利的。因此，优良的道德品质对于塑造完美人格起着重要的作用。

延伸阅读

一个民族需要传统[1]

云南有个地方叫文山，文山很穷，有很多个国家级贫困县。但是文山有一个村子却找到了特殊的“致富”门路——拐卖儿童。曾经一度，全村百分之七十的年轻人都加入了这个新行业，人称“拐卖村”。

2005年年初在《南方周末》上看到有关文山的相关报道，久久不能释怀。在传统社会中，一个人偷偷摸摸地做违法犯罪的事情，会让全家人抬不起头来；一家人做无本钱的生意，会让全村人瞧不起，连他们的孩子都找不到伙伴玩；而整个村子从事不光彩的职业，这实在让我难以想象。要知道，在传统农民的心中，拐卖儿童属于最损阴德的恶行之一，怎么可能成为这个村子的生存和生财之道呢？这个村子的日常生活是什么样的？他们的价值观、成就感从何而来？是什么原因使他们选择了这样一种生存方式？难道仅仅是因为穷吗？我想不是。

首先是因为他们失去了传统。人追求的首先是有意义、有尊严的生活，而不是富裕的、奢侈的生活。金钱，只有在崇尚金钱的社会里，才会使拥有它的人感受到某种意义。所以，归根到底，人的意义不是来自于金钱，而是来自于崇尚金钱的社会理念。而这样的社会理念，必定是在传统丧失之后形成的。只要传统还在，金钱就不会成为压倒一切的目标。

活得有尊严、有意义，这是每一个社会人的本能。而“拐卖村”则整体失去了获得意义的可能。

一个人偷东西，我们可以说这个人有问题；一家人偷东西，我们可以说这家人有问题；但是如果整个村子、很多村子都偷东西，“光明正大”地偷东西，那一定是社会的某个环节出了问题。而偷窃的对象竟然是婴儿，这个问题就严重得无以复加了！

孔子说：“礼失求诸野。”国家的整体秩序丧失之后，还可以到草根处找回社会重建的根基。野火烧尽之后，只要草根尚存，就会有春风吹又生的那一天。最可怕的是草根烂了！

官员的腐败会对一个国家造成难以挽回的危害，知识分子失去操守会使一个民族看不清道路，找不到方向，丧失活力和动力。但是，如果草根阶级整体失去了对自己生活意义的肯定，失去了尊严，失去了内在的道德感，将是一个民族的灭顶

〔1〕 田松. 一个民族需要传统. 中华读书报，2005－10－07.

之灾。

官员的弄权让我痛恨，而当农民集体失去了质朴和良善，吃的菜不卖，卖的菜不吃的时候，乃至于整个村贩卖婴儿的事情，则让我脊背发寒。

诡异的是，我现在所奢望守护的传统，它最大的破坏者，正是我曾经相信的那种超越文化、超越民族、超越地域的标尺。传统有大有小，但真正流淌在每一个个人血液中的是本乡本土的小传统，这些各不相同的小传统才是我们的草根得以生存的土壤。

礼失求诸野，当我在大山深处，依然能够见到乐于放羊的人群，依然能够见到日日歌舞的人们，我感到欣慰。我相信那是我们未来文明的草根。只是，在日甚一日的全球化和现代化的飓风之下，不知这些草根还能生存多久呢?

一个民族要有传统。传统使我们获得了有别于他人的特殊品性，构成了我们的文化记忆，使我们感受到自己是一棵有根的大树上长出来的叶子，而不是现代化潮流之上的浮萍，全球化列车上的齿轮。

只有民族共同延续和遵奉的传统，才能使我们获得生存的意义，获得尊严。拥有自己的传统，并为自己的传统而自豪，这是一个民族得以延续、得以生长的根。

保护我们的传统，就是保护我们的未来，保护我们作为自己而不是作为别人的未来。

二、大学生应具备的道德品质

养成优良的道德品质对大学生的成长、成才具有重要的作用。没有优良的道德品质，就不会把自己所学的知识真正奉献给社会和人民，就无法实现自己的人生价值。大学生应该具有的道德品质主要有以下几个方面。

1. 孝亲友善

父母与子女的关系是一种天然的亲密人际关系。孝亲是处理家庭内部父母与子女关系的规范。中华民族历来重视孝道，孝亲是中华民族的传统美德。孝敬父母是子女对父母天然的爱，要以恭敬的态度、愉悦的心情、合乎礼仪的言行来和父母相处，使双方的关系和谐，这是做人的最基本的道德品质。友善是处理人际关系的基本态度。人生在世，需要以良好的心态处理人际关系，能够理解、谅解和宽容别人。据说在20世纪美国发动的对越战争结束后，三个曾经参战的士兵回国多年后，再聚首有过这样一段对话，其中一人问："你们是不是已经原谅了那些当初把你关押在牢狱里

的人了?”有一人说:“我永远不会原谅他们。”另外一人沉思片刻,意味深长地说:“那么他们将永远关押着你们,是不是?”原谅和宽恕他人,从另一个角度看就是原谅和宽恕我们自己,有利于营造和谐的人际关系。和谐融洽的人际关系不仅可以使我们自己身心愉快,而且可以大大提高我们的工作效率和生活质量。

2. 立志勤学

墨子说:“志不强者智不达。”青年时期正是树立远大理想的关键时期。大学生要放眼社会,放眼世界,紧跟社会与世界发展的潮流,不满足于现状和个人的小成就,不向困难低头,立志用自己的聪明才智报效祖国。韩愈说:“业精于勤,荒于嬉;行成于思,毁于随。”青年学生只有通过刻苦学习,才能打下坚实的基础,实现自己的远大志向。

3. 诚实守信

大学生总体诚信状况良好,但是也有少数学生诚信缺失,如考试作弊、求职简历做假和不积极偿还助学贷款等。大学生培育良好的诚信意识、积累诚信品质,积极践行诚信,对于大学生实现自己的人生理想具有积极的意义。

4. 见义勇为

见义勇为就是当看到正义的事情时,能克服困难、主动承担责任。见义勇为是一种勇挑重担,敢于承担责任、伸张正义的道德品质。1982 年大学生张华舍己救人的事件在《光明日报》刊载之后,《文汇报》以《大学生冒死救老农值得吗》为题,在全国掀起了人生价值的大讨论。事实上张华就人生价值问题和同班同学董希武有过交流。在他牺牲之前,大学生邵小利为救一名小学生献出了生命,有人说大学生救小学生不值得时,张华对董希武说:“这种计算方法是庸俗的,落后于起码的文明道德。人和动物的区别就在这些地方。”张华用自己的生命诠释了自己对人生价值的理解,也成为人们的榜样。

延伸阅读

遇难者的第三个电话[1]

阮红松

当恐怖分子的飞机撞向世贸大楼时,银行家爱德华被困在南楼的56层。到处是熊熊的大火和门窗爆裂声,他清醒地意识到自己已没有生还的可能,在这生死关头,他掏出了手机。

〔1〕 阮红松. 遇难者的第三个电话. 读者,2002(21).

爱德华迅速按下第一个电话。他刚举起手机，楼顶忽然坍塌，一块水泥重重地将他砸翻在地。他一阵眩晕，知道时间不多了，于是改变主意按下了第二个电话。可还没等电话接通，他想起一件更为重要的事情，又拨通了第三个电话……

爱德华的遗体在废墟中被发现后，亲朋好友沉痛地赶到现场，其中有两个人收到过爱德华临终前的手机信号，一个是他的助手罗纳德，一个是他的私人律师迈克，可遗憾的是，两人都没有听到爱德华的声音。他俩查了一下，发现爱德华遇难前曾拨出三个电话。

第三个电话是打给谁的？他在电话里说过什么？他俩推断，很可能与爱德华的银行或遗产有关。可爱德华无儿无女，又在五年前结束了他失败的婚姻，如今只有一个瘫痪的母亲，住在旧金山。

当晚，迈克律师赶到旧金山，见到了爱德华悲痛欲绝的母亲。母亲流着泪说："爱德华的第三个电话是打给我的。"迈克严肃地说："请原谅，夫人，我想我有权知道电话的内容，这关系到您儿子庞大遗产的归属权问题，他生前没有立下相关遗嘱。"可母亲摇摇头，说："爱德华的遗言对你毫无用处，先生。我儿子在临终前已不关心他留在人世的财富，只对我说了一句话……"

迈克含着激动的泪水告别了这位痛失爱子的母亲。

不久，美国一家报纸在醒目的位置刊登了"9·11"灾难中一名美国公民的生命留言："妈妈，我爱你！"

带着妹妹去上学〔1〕

2006年2月9日，中央电视台《感动中国》2005年年度人物评选结果揭晓，很多中国人都感受了一场感人至深的心灵冲击。在《感动中国》的官方网站上，有一个人当选感动中国年度人物的呼声很高，他就是带着妹妹上大学的洪战辉。

洪战辉是河南省周口市人，12岁那年他小学毕业时，家庭生活发生了改变。这年农历小年，患有间歇性精神病的父亲在外面带回了一个弃婴。家里太穷，负担不起哺育女婴的花费，母亲让洪战辉把女婴送人。洪战辉无奈地走出家门，抱着女婴走在刺骨的寒风中，一种爱怜油然而生，不忍心的他哭着又拐回了家。他对母亲说："不管怎样，我不送走这个小妹妹……你们不养，我来养！"女婴留下了，洪战辉给她起名为洪趁趁，小名"小不点"。为了买奶粉养妹妹，洪战辉在小学时就做起了小贩，在附近的集市上，冬天卖鸡蛋，夏天卖冰棍。实在没钱的时候，有时就带着妹妹到有小孩的人家借口奶吃。

〔1〕 http://news.sina.com.cn/c/2008-11-11/081416684904.shtml.

边挣钱边学习边照顾“小不点”，还得定时回家给父亲送药，在艰难中洪战辉熬了过来。然而，就在洪战辉进入高二时，父亲病情恶化了，必须住院治疗。于是，洪战辉只得休学挣钱为父亲治病。怀着不屈的信念，经过不懈的拼搏，2003 年 6 月，洪战辉终于走进了高考考场。在填报志愿时，洪战辉以收费最低廉为选择标准，最终报了湖南怀化学院。

考上了大学，学费就成了洪战辉的难题。在假期里，他在一家弹簧厂打工挣了 1500 元。考虑到学费还无法交清，去的又是新地方，开学的那段时间，洪战辉没有带“小不点”过去。他将“小不点”托付给伯母照顾，只身来到了怀化。课余时间里，洪战辉在校园里卖过电话卡，为怀化电视台《经济 E 时代》栏目组拉过广告，还给一家电子经销商做销售代理。系领导得知他的真实情况后，问他有什么要求，他提出想带着失学在家的妹妹一起来上学。

怀化学院的领导经过考虑，同意洪战辉将“小不点”接来，并单独给他安排了一间寝室，方便他照顾妹妹。

洪战辉携妹求学的故事，经全国多家媒体的报道后，成为社会关注的焦点，不断有人表示愿意捐款，以帮助他抚养妹妹。令人意想不到的是，洪战辉在某媒体上发表公开信，在向关心他与妹妹的人表示感谢的同时，明确提出他可以养活自己和妹妹，不需要任何社会捐款。洪战辉说：“不接受捐款，是因为我觉得一个人自立、自强才是最重要的。”

三、提高道德修养的方法和途径

人恒过，然后能改；困于心，衡于虑，而后作；征于色，发于声，而后喻。入则无法家拂士，出则无敌国外患者，国恒亡。然后知生于忧患，而死于安乐也。

——孟子

社会的进步与个人的行为选择具有严格的正相关关系。人为了适应社会、改造社会、推动社会进步，必须不断地提高个人的自我修养，那么大学生如何才能有效地培养个人的道德品质，完善人格呢？主要可以从以下几个方面入手。

1. 知行统一

大学生中知行脱节的现象普遍存在。道德知识对道德行为具有指导作用，没有对道德知识的正确认识，就没有真正意义上的道德行为。而道德知识不会先天产生，我们必须不断地学习和反思，才能不断积累道德知识，学会辨别善恶。努力

把自己所学的道德知识与道德行为相结合，把内在的道德知识转化为外在的道德行为，长期坚持，使自己不断进步、不断完善。

2. 反躬自省

一个人要不断提升自我，就要在内心对自己的言行进行反思，扫除邪恶的东西，保留善的东西，就是要去恶存善。内省的修养方法是一种自我锻炼的修养方法。提高道德修养的过程就是一个不断反省、克服错误的过程，在这一过程中，人们逐渐积累善的品质。曾参就提出"日三省吾身"。一个人只有在内心严格解剖自己，对一切错误的道德观念毫不留情地进行自我批评，坚决摒弃，才能成为一个道德高尚的人。

3. 榜样学习

孔子说："见贤思齐焉，见不贤而自内省也。"道德模范的示范作用，是社会和时代发展的动力。道德模范的行为把抽象的道德变成具体生动的事例，给人以直观、鲜活的印象，有利于对道德知识的理解和认同。道德模范的行为向人们昭示什么是善，什么是恶，什么事情应当做，什么事情不应当做。榜样的力量是无穷的，给人以鼓舞和鞭策。大学生可以通过学习道德模范的行为，不断积善成德，使自己成为一个品德高尚的人。

4. 慎独自律

《礼记·中庸》说："君子戒慎乎其所不睹，恐惧乎其所不闻，莫见乎隐，莫显乎微，故君子慎其独也。"这句话的意思是：君子在别人看不见的时候，总是非常谨慎的，在别人听不见的时候，总是十分警惕的，从最隐蔽之处最能看出人的品质，从最微小之处最能显示人的灵魂。慎独，不仅要求人们不要在暗地里做不道德的事，还要求人们从小处入手，防微杜渐。不因为是小的好事而不去做，也不因为是小的坏事而去做，即古语所说的"勿以恶小而为之，勿以善小而不为"。慎独、自律要求个体在独处的情况下要自觉按道德规范约束自己。

延伸阅读

认识自己〔1〕

周国平

苏格拉底是第一个将哲学从天上召唤到地上来的人，他使哲学立足于城邦，进入家庭，研究人生和道德问题。这个评价得到了后世的公认。苏格拉底之前的哲

〔1〕 周国平. 认识自己. http://blog.sina.com.cn/s/blog_471d6f68010000cr.html.

学家，从泰勒斯到阿那克萨戈拉，关心的是宇宙，是一些自然哲学家和天文学家。据他自述，他年轻时也喜欢研究自然界，后来发现自己天生不是这块料。所谓不是这块料，大约不是指能力，应是指气质。他责问那些眼睛盯着天上的人，他们是对人类的事情已经知道得足够多了呢，还是完全忽略了。他主张，研究自然界应限于对人类事务有用的范围，超出这个范围既不值得，也不应该。之所以不应该，是因为人不可去探究神不愿显明的事，违背者必受惩罚，阿那克萨戈拉就因此丧失了神智。

苏格拉底的思想发生根本转折，大约是在四十岁的时候。他在申辩中谈到了转折的缘由。有一回，他少年时代的朋友凯勒丰去德尔斐神庙求神谕，问是否有人比苏格拉底更智慧，神谕答复说没有。苏格拉底闻讯大惊，认为不可能，为了反驳神谕，他访问了雅典城内以智慧著称的人，包括政客、诗人、手工艺人。结果发现，这些人都凭借自己的专长而自以为是，不知道自己实际上很无知。于是他明白了：同样是无知，他们以不知为知，我知道自己一无所知，在这一点上我的确比他们智慧。由此进一步悟到，神谕的意思其实是说：真正的智慧是属于神的，人的智慧微不足道，在人之中，唯有像苏格拉底那样知道这个道理的人才是智慧的。从此以后，他便出没于公共场所，到处察访自以为智的人，盘问他们，揭露其不智，以此为神派给他的“神圣的使命”。“为了这宗事业，我不暇顾及国事家事；因为神服务，我竟至于一贫如洗。”而一帮有闲青年和富家子弟也追随他，效仿他这样做，使他得了一个蛊惑青年的坏名声。

苏格拉底盘问人的方式是很气人的。他态度谦和，仿佛自己毫无成见，只是一步一步向你请教，结果你的无知自己暴露了出来。这往往使被问的人十分狼狈。欣赏者说，他装傻，其实一大肚子智慧。怨恨者说，他是虚假的谦卑。常常有人忍无可忍，把他揍一顿，甚至扯掉他的头发，而他从不还手，耐心承受。最气人的一点是，他总是在嘲笑、质问、反驳别人，否定每一个答案，但是，直到最后，他也没有拿出一个自己的答案来。确有许多人向他提出了这一责备，并为此发火。他对此的辩解是：“神迫使我做接生婆，但又禁止我生育。”这一句话可不是自谦之词，而是准确地表达了他对哲学的功能的看法。

上面说到，苏格拉底是从自知其无知开始他特有的哲学活动的。其实，在他看来，一切哲学思考都应从这里开始。知道自己一无所知，这是爱智慧的起点。对什么无知？对最重要的事情，即灵魂中的事情。人们平时总在为伺候肉体而活着，自以为拥有的那些知识，说到底也是为肉体的生存服务的。因此，必须向人们大喝一声，让他们知道自己对最重要的事情其实一无所知，内心产生不安，处于困境，从而开始关心自己的灵魂。“认识你自己”——这是铭刻在德尔斐神庙上的一句箴言，

苏格拉底用它来解说哲学的使命。“认识你自己”就是认识你的灵魂,因为“你自己”并不是你的肉体,而是你的灵魂,那才是你身上的神圣的东西,是使你成为你自己的东西。

灵魂之所以是神圣的,是因为它是善和一切美德的居住地。因此,认识自己也就是要认识自己的道德本性。唯有把自己的道德本性开掘和实现出来,过正当的生活,才是作为人在生活。美德本身就是幸福,无须另外的报偿。恶人不能真正伤害好人,因为唯一真正的伤害是精神上的伤害,这只能是由人自己做的坏事造成的。在斯多噶派那里,这个德行即幸福的论点发展成了全部哲学的基石。康德用道德法则的存在证明人能够为自己的行为立法,进而证明作为灵魂的人的自由和尊严,这个思路也可在苏格拉底那里找到渊源。

人人都有道德本性,但人们对此似乎懵懂不知。苏格拉底经常向人说:让一个人学习做鞋匠、木匠、铁匠,人们都知道该派他去哪里学,让一个人学习过正当的生活,人们却不知道该把他派往哪里了。这话他一定说过无数遍,以至于在三十僭主掌权时期,政府强令他不许和青年人谈论,理由便是“那些鞋匠、木匠、铁匠什么的早已经被你说烂了”。其实他是在讽刺人们不关心自己的灵魂,因为在他看来,该去哪里学习美德是清清楚楚的,无非仍是去自己的灵魂中。原来,灵魂中不但有道德,而且有理性能力,它能引领我们认识道德。人们之所以过着不道德的生活,是因为没有运用这个能力,听任自己处在无知之中。在此意义上,无知就是恶,而美德就是知识。

至于如何运用理性能力来认识道德,苏格拉底的典型方法是辩证法,亦即亚里士多德视为苏格拉底的主要贡献的归纳论证和普遍性定义。比如说,他问你什么是美德,你举出正义、节制、勇敢、豪爽等,他就追问你,你根据什么把这些不同的东西都称作美德,迫使你去思考它们的共性,寻求美德本身的定义。为了界定美德,你也许又必须谈到正义,他就嘲笑你仍在用美德的一种来定义整个美德。所有这类讨论几乎都不了了之,结果只是使被问者承认对原以为知道的东西其实并不知道,但苏格拉底也未能为所讨论的概念下一个满意的定义。从逻辑上说,这很好解释,因为任何一个概念都只能在关系中被界定,并不存在不涉及其他概念的纯粹概念。但是,苏格拉底似乎相信存在着这样的概念,至少存在着纯粹的至高的善,它是一切美德的终极根源和目标。

现在我们可以解释苏格拉底式辩证法的真正用意了。他实际上是想告诉人们,人心固有向善的倾向,应该把它唤醒,循此倾向去追寻它的源头。然而,一旦我们这样做,便会发现人的理性能力的有限,不可能真正到达那个源头。只有神能够认识至高的善,人的理性只能朝那个方向追寻。因此,苏格拉底说:唯有神是智慧的,人只能说是爱智慧的。不过,能够追寻就已经是好事,表明灵魂中有一种向上的力量。爱智慧是潜藏在人的灵魂中的最宝贵特质,哲学的作用就是催生这种特质。这便是苏格拉底以接生婆自居的含义。但哲学家不具备神的智慧,不能提供最后的答案,所以他又说神禁止他生育。

苏格拉底所寻求的普遍性定义究竟是观念还是实存,他所说的神究竟是比喻还是实指,这是一个复杂的问题,我不想在这里讨论。在我看来,其间的界限是模糊的,他也无意分得太清。他真正要解决的不是理论问题,而是实践问题,即怎样正当地生活。宗教家断言神的绝对存在,哲学家则告诉我们,不管神是否存在,我们都要当作它是存在的那样生活,关心自己的灵魂,省察自己的人生,重视生活的意义远过于生活本身。

推荐阅读

1.《价值论》(作者:李德顺,中国人民大学出版社 1987 年版)

《价值论》于 1987 年初版后,被认为是国内这一领域研究的开拓性代表作之一,作者运用马克思主义哲学的观点和方法,对于价值的本质和特性、价值分类及其方法、各种具体的价值类型、价值意识及其观念、评价与评价标准等一系列问题做了自己的理论表述,从而确立了价值哲学研究的基本框架。

2.《道德本质论》(作者:夏伟东,中国人民大学出版社 1991 版)

本书主要论及道德的产生,道德的历史流变,道德的规范本质,以及道德、良心、幸福的关系,道德的自律性和他律性,且结合目前实际探讨集体主义和个人主义的关系,对新时期我国的道德建设具有较高的参考价值。

项目设计

勤俭节约是中华民族的传统美德,然而随着物质生活的极大改善,这种美德似乎和我们渐行渐远。让我们从今天的生活开始,认真对待每天的消费,培养自己勤俭节约的美德。

设计一个生活账本,将自己每月的收支做详细的记录,核算自己的生活成本,减少不必要的开支,提高自己的消费理性。一个月记录下来,写一份收支感悟。

法治人生篇

大道知规矩，天地系方圆；莘莘学子情，法治我人生。

有人曾说，“法律就是一张写满人民权利的纸”。让法律的步履与我们的成长同行，让法律的巨伞为我们的人生遮蔽风雨，让人生的航船在法律航标的指引下永不迷路，让法治的阳光普照我们的人生！

专题一　法治社会与法治理念

苏格拉底之死

在古希腊,有一个人的死亡格外悲壮动人,以至于我们今天提起来还感动不已,这个人就是苏格拉底。公元前399年,苏格拉底被雅典法庭以渎神和腐化青年的罪名判处死刑。他的朋友和弟子不满法庭的判决,策划他越狱逃走,结果苏格拉底不肯接受。因为在他看来,法律一旦裁决,便立即生效,即使这项裁决本身是错误的,他也没有权利躲避法律的制裁。

他说:"假定我准备从这里逃走,雅典的法律就会来这样质问我:'苏格拉底,你打算干什么?难道你以为你有特权反对你的国家和法律吗?你以为你可以尽力摧毁你的国家及其法律来作为报复吗?'"

让法律成为信仰。苏格拉底的死,与其说是苏格拉底本人对死亡的漠视和对生命的淡然,倒不如说是对法律的忠诚和对法律的信仰所致,他是为这种信仰和忠诚而死的。

现代社会常常把法律当成一种实用的工具,但法律更应该是根植于人们内心的信仰。

党的十八大报告多次提到了"法治",并进一步提出"法治是治国理政的基本方式",强调要"运用法治思维和法治方式"。对于什么是法治,我们有必要做进一步的厘清。

一、法治社会的内涵及特征

(一)法治社会的内涵

总体来说,法治是历史久远的话题,针对的主要是人治。后者的主要缺陷是个人的情感、偏好容易产生不确定性;领导人的交替,极易改变规则和政策,带来政治社会的不稳定性。马克思在一系列著作中曾对此有很深入的分析:法治属于一个国家的上层建筑，是由一个社会的经济基础以及其他社会条件决定的……同时会随着社会的变化而发展。

1. 法治的权威解读

历史上最早揭示法治含义的是古希腊哲学家亚里士多德。他在《政治学》一书中这样说道："法治应包含两重含义：已成立的法律获得普遍的服从，而大家所服从的法律又应该是良好的法律。"在1959年于印度召开的国际法学家会议上通过的《德里宣言》，对于法治的作用做了下列权威的解读：一是在法治前提下可以创设和维护得以使每个人保持人类尊严的各种条件。二是法治不仅可以对付滥用权力，而且能维护好社会的秩序以确保公平。三是保证司法的独立性。

《牛津法律大辞典》把"法治"(Rule of Law)看作是一个无比重要的，但未被定义、也不是随便就能定义的概念，它意指立法、行政、司法及其他机构都要服从于某些原则。这些原则一般被看作是表达了法律的各种特性，如正义的基本原则、道德原则、公平和合理诉讼程序的观念，含有对个人的至高无上的价值观念和尊严的尊重。在任何法律制度中，法治的内容是：对立法权的限制，反对滥用行政权力的保证措施，获得法律的忠告、帮助和保证的大量的平等的机会，对个人和团体各种权利和自由的正当保护，以及在法律面前人人平等。它不是强调政府要维护和执行法律及秩序，而是说政府本身要服从法律制度，而不能不顾法律或重新制定适应本身利益的法律。

2. 法治是依法治理社会、管理国家的方式

法治，简言之，就是依法而治，即管理国家、治理社会主要依靠法律这种普遍、稳定、明确的规范和规则，而不是法律之外的某些习惯和办法，更不是个人包括领导者的意志和看法。

首先，法治是作为人治的对立面的一个概念。社会历史发展告诉我们，在人治之下是无法治的尊严的。

其次，法治虽以法律为前提，但又不完全等同于法律。法治作为一种治理方式而言是区别于法律文件的，是运行和全面贯彻法律精神的动态过程。

最后，不管是哪种性质的社会，有人类社会存在就可以有法治。

（二）法治社会的特征

法治，是指在某一社会中，法律具有凌驾一切的地位。所谓"凌驾一切"，不单指任何人都必须遵守（包括制定者和执行者本身），法律本身亦被赋予非常崇高的地位，不能被轻慢。

1. 法律至上

这是法治的首要内容，即法律应是社会治理的最高准则，任何个人和组织都不享有法律之外的特权。早在美国建国初期，潘恩便指出，在法治国家里，法律是国王，而非国王是法律。英国学者戴西也认为，法律至上是法治的主要特征。法律至上实际上是要实现规则治理，“无规矩不成方圆”非常形象地说出其中的道理，即将明确、稳定的规则作为“规矩”来规范国家和公民的行为。需要指出的是，规则治理与民主治理不可分割，在法治社会，正当的法律都是通过民主程序制定出来的，反映了民众的期望，符合民众的利益，体现了社会共同理想和信念，自然应受到全社会的尊重和遵从，这也为民众遵守规则奠定了良好基础。就此而言，法治实质就是以人民的意志来管理国家和社会。

2. 良法之治

古希腊哲学家亚里士多德指出，“法治应当包含两重意义：已成立的法律获得普遍的服从，而大家所服从的法律又应该本身是制定得良好的法律”。这是探讨法律在价值上的正当性的最早主张。尽管学理上也曾有“遵守法律，即使恶法亦然”的说法，但其主要强调法律的权威性及其普遍适用性对于法律实施的意义，并没有否定良法的重要性。既然法治是依法治理，那么，只有良法才能最大限度地得到民众的认同，才能最大限度地发挥法治的效力。当然，良法的理解和判断是一个仁者见仁、智者见智的问题，它通常应具备以下要素：一是内容完备，即法律应当类别齐全、规范系统，大体涵盖社会生活的主要方面，且各项制度相互之间保持大体协调；二是应当有效规范社会生活，并在制定过程中吸纳大多数社会成员的参与，进而符合社会和人民的需要，符合社会一般公平、正义的观念；三是应当保持内在的一致性，立法者应当不断通过修改、补充等方法来使法律符合社会的需求与时代的发展需要。

3. 人权保障

按照马克思主义的观点，人的本质“在其现实性上”是“一切社会关系的总和”，其中包括经济关系、政治关系、文化关系及其他社会关系，因此，人权是人在一切社会关系和社会领域中地位和权利的总和，其中包括社会权利、经济权利、文化权利、政治权利以及人身权利。在此意义上，人权实质上就是人的主体地位的象征，而法治只有建立在充分尊重和保障个人人权的基础上，才能肯定人在法律上的主体地位，法律的存在才具有合目的性。在我国，人权作为人最基本的权利集合，体现了人民群众的根本利益，因而保障人权也是我国社会主义制度的根本任务。构建法治社会的终极目的是实现个人的福祉，因而法治也必然要以保护人权作为其重要内容，而人权的保障状况也成为现代社会中区别法治国家和非法治国家的

重要标志。当然,保障人权在维护个人自由和尊严的同时,还能有效地防止政府的侵害,从而规范公权,这也是法治的内在含义。

4. 司法公正

古人说:“徒法不足以自行。”法律必须在实践中得到严格的适用才能发挥其效力,否则再好的法律也只能形同具文,这就是霍姆斯所说的将“纸面上的法”(law in book)转化为“现实中的法”(law in action)的过程。而法律要准确适用,离不开司法公正。在现代市场经济中,平等主体之间的纠纷有多重的解决机制,如协商、调解、谈判、仲裁等,但从纠纷解决的权威性和终局性来看,由独立的、中立的、享有公共权力的司法机构来解决无疑是最佳选择,而这个机构就是法院。申言之,法治不仅意味着法律的至高无上和依靠良法治理,还应经由公正的司法活动来贯彻实施。公正的司法,不仅在于惩恶扬善,弘扬法治,同时也是对民众遵纪守法的法治观念的教化,是对经济活动当事人高效有序地从事合法交易的规制。司法公正固然需要有司法的独立和权威的保障,需要体现出实体上的公正,此外还不能忽视程序公正,即司法必须在法律程序内运作,必须展示出一套法定的、公开的、公正的解决社会各种利益冲突的程序。正因为程序是看得见的正义,所以它也是实体正义的根本保障,也即“通向法庭裁判正义的道路是由多种正当的程序所铺就的”。程序公正要求当事人在程序上武器对等,任何人不能充当自己案件的裁判者,论证和决定都应遵循一定的程序。现代法治的一些重要规则,如无罪推定、禁止刑讯逼供、裁判者的独立公正等,都是从程序公正中发展出来的,它们也是保护基本人权、实现社会公正的基本原则。

5. 依法行政

在法治社会中,最高的和最终的支配力量不是政府的权力而是法律,政府因此必须依法行政。之所以如此,一是因为政府所享有的行政权具有强制性、单方性、主动性、扩张性等特点,一旦失去了约束,将严重威胁处于弱势一方的公民合法权益。因而,如果要通过法律手段来调整政府和公民的关系,必然要求行政权的行使要获得法律的授权、受到法律的限制,并遵循法定的程序。尤其是在相对人受到公权力的侵害之后,其可以获得相应的救济。这正体现了法治国家的本质,即国家和人民的关系是以法的形式来界定的。二是为了保证公权力自身的廉洁和高效,减少社会资源的浪费。从社会治理的历史经验不难看到,一旦公权力失去制约,其不仅会侵犯公民个人的合法权益,也会侵犯公共资源和公共利益,而且,对这些公共资源的破坏,给整个社会带来的危害可能远远大于对个别公民权益的损害。三是因为如果政府所享有的公权力都是根据民众的意志产生,由民众所赋予的,那么民众对于自己所赋予的权力,也要通过一定的方式进行制约,以防止权力被滥用,而

制约权力最为有效的方法就是通过规则控权,因此法治的核心就在于有效地控制公权力。在法治社会,任何政府的权力都必须要由法律规定,法无明文允许即为禁止,公权力的内容、行使等都必须纳入法治的轨道。

二、法治理念及法治思维方式

1. 西方法治理念

促成西方法治理念的一个要素是现代民族国家的兴起和确立。资本主义市场经济的自身发展要求在更大范围内形成统一规则体系,封建欧洲那种各自为政的小型社会秩序和法律无法满足商品交换对更大范围内的统一市场的要求,成为市场经济发展的一种障碍。新兴的资产阶级要实现其经济利益和政治理想,必须消灭封建主义地方秩序,在更大区域内形成统一的国家,并形成不矛盾的、明确的和普遍适用的规则体系。由此产生的法治的理念,隐含的也就是法律面前人人平等、法律的公平效率等理念。由此就产生了主权至上、法律至上、依法治国的理念。

英国、美国更多是借助普通法的渐进传统逐步完成了法治的基本统一;而欧洲大陆国家,特别是法国和德国,则更多是通过国家的政治统一以法典的方式促成了法治的统一。例如,最早的 17 世纪英国资产阶级法学家大致提出了近代法治的“主权至上”、“个人权利”以及“权力制约”这三个要素。强调主权至上是鉴于英国内战时期的惨痛经验。霍布斯认为,只有最高公共权力建立或存在,才可能有每个人的社会生活所必需的基本的和平与安全,因此主权应当是绝对的,对主权的制约与分割都将导致主权的被架空与和平的丧失。但霍布斯并不是倡导专制主义,事实上他认为国家的权力来自个体的人,人是为了获得和平而通过契约建立了国家,这一理论否定“君权神授”,同时也奠定了国家权力来自人民的思想。霍布斯强调的是单一的“生命权”,洛克则将公民的个人权利扩展至“生命、自由与财产”的权利,认为国家必须保护这三项基本权利。而为了保证公民权利,限制政府权力(当时是王权),洛克还提出了“以权利约束权力”以及“权力分立”的主张,但他把司法权归在行政权之下。

美国政治家、思想家除了强调基于个人自由和平等的民主政治(这与美国是移民社会直接相关),更是将洛克的分权思想付诸政治实践。分权有两个方面,一是针对美国的政治现实创造了中央与地方分权的联邦制,二是在政府层面强调立法、行政和司法的分权。但分权也是有限度的,联邦分权不允许分裂国家,确立了联邦

至上（主权至上）的原则，保证了美国作为民族国家的统一；同时又借助联邦至上原则努力促进全国经济的整合，为统一的市场经济创造了条件，支持了国家的政治统一。而三权分立则是为了权力的相互制衡，但这一制度在其他资本主义国家都没有被采纳。

法国资产阶级革命时期的法治学说的代表人物是孟德斯鸠和卢梭。孟德斯鸠对法治的最主要发展是，基于对英国经验的错误理解，提出三权分立理论，把司法权独立出来。这一思想在美国得以实践。卢梭的法治思想与孟德斯鸠相反，他强调人民主权，强调法律是人民“公意”的体现，强调主权对公共利益的表达和维护；卢梭强调，法治的目的在于自由，但他所说的自由并不是消极的，而是任何公民都不能拒绝的；为实现真正的法治，卢梭甚至认为，应当强迫那些拒不服从“公意”的人服从“公意”，也就是要“迫使他们自由”。

德国的资本主义发展较晚。19 世纪末，德国通过铁血政策完成了国家的统一，进而完成了法治的统一。德国法治思想的一个重要贡献是“民族精神”，强调法治要在本国文化基础上回应本国需要；另一个思想是“法治国”，特别强调国家为公民提供福利性权利，在制度安排上则强调行政权力与行政行为的合法性和可预测性，强调严格执法。20 世纪之后，随着资本主义危机的不断发生，资本主义国家进一步加强了国家对社会的治理与调控。特别是在 20 世纪 30 年代的大危机之后，福利国家与法律社会化成为 20 世纪上半期的主流社会思潮，劳工法和各种社会福利保障的法律发展起来了。到 20 世纪下半叶，随着资本主义进一步扩张，以及同社会主义制度的竞争，资本主义国家的法治更强调法律的同等保护、正当程序以及普遍人权。特别是后者，这已不仅是马克思分析的资本主义扩张（特别是全球化）的制度要求，同时也是资本主义同其他制度竞争的重要意识形态武器，是把西方文化普世化的一种战略性努力。

西方法治的核心观点体现了人类近代以来为在世俗社会的基础上构建现代民族国家，保证本国社会和平和安定，推进本国资本主义发展和国际竞争而进行的探索与思考，凝结了西方各国政治和法律实践的一般经验。

2. 社会主义法治理念

党的十八大以来，习近平总书记在改革、发展、稳定的问题上提出了许多治国理政的新思想、新观点、新论断、新要求。一系列重要讲话精神为我们在新形势下推进社会治理指明了方向。十八届三中全会更是传递出在继续深化改革蓝图的统领下，坚持依法治国基本方略，运用法治思维和方式化解当前社会矛盾纠纷的新要求。依法治国是社会主义法治的核心内容，依法治国是我们党在总结长期的治国理政经验教训基础上提出的治国基本方略。

法治是迄今为止人类社会探索出来的治理国家的最理想模式。1997 年,党的十五大最终确立了依法治国,建设社会主义法治国家的基本方略。依法治国方略的确立,标志着我们党最终战胜和彻底抛弃了封建人治思想的羁绊,坚定不移地选择了社会主义法治的治国道路,从而完成了执政治国理念的一次深刻而重大的转变。

(1) 社会主义法治更关注人民民主。

人民民主的本质就是人民当家做主,国家的一切权力属于人民,广大人民充分享有民主权利,实行民主选举、民主决策、民主管理、民主监督。社会主义的本来目的就是要实现人民当家做主,为人的自由和全面的发展创造前提条件。党的十七大把“扩大人民民主,保证人民当家做主”作为坚定不移发展社会主义民主政治的首要任务。人民民主是依法治国的政治基础和政治前提。依法治国的“法”应当界定为人民的意志和利益,而不是当权者的个人意志和工具,依法治国必须以人民民主作为基础和前提。法治是实现人民当家做主的重要制度保证。只有健全社会主义法制,实行依法治国,才能切实保障人民的主人翁地位,保证公民享有广泛的权利与自由。

(2) 社会主义法治更注重法制完备。

依法治国,建设社会主义法治国家的基础和前提是完善中国特色社会主义法律体系。法制完备首先是指形式意义上的完备,即法律制度的类别齐全、规范系统、内在统一。实质意义上的完备则指法律制度适应社会发展的需要,满足社会发展的客观要求,同时符合公平正义的价值要求。

(3) 社会主义法治更维护宪法法律权威。

依法治国的核心就是树立宪法法律权威,坚持宪法法律至上。树立宪法法律权威,是指宪法和法律在国家和社会生活中享有崇高的威望,得到普遍的遵守和广泛的认同;宪法和法律在调控社会生活方面发挥基础和主导作用,一切国家权力和其他社会规范只能在宪法和法律的支配下发挥作用。

(4) 社会主义法治更注意权力制约。

权力制约是依法治国的关键环节。依法治国关键在于依法制权;没有权力制约,依法治国也就无从谈起。根据民主法治的原则,建立健全决策权、执行权、监督权既相互制约又相互协调的权力结构和运行机制,是建设社会主义法治国家的基本要求和特征。

三、维护社会主义法律权威

社会主义法律在国家和社会生活中具有权威和尊严，这是建设社会主义法治国家的前提条件。包括大学生在内的每个公民都有义务和责任树立和维护社会主义法律的权威。

1. 维护法律权威的意义

法律权威是就国家和社会管理过程中法律的地位和作用而言的，是指法的不可违抗性。法律权威的树立主要依靠法律的外在强制力和内在说服力。法律的外在强制力是法律权威的外在条件，主要表现为国家对违法行为的制裁。尽管法律权威不可能完全建立在外在强制力的基础之上，但必要的外在强制力是树立法律权威不可缺少的条件。法律的内在说服力是法律权威的内在基础。如果仅仅依赖外在强制力，法律不可能形成真正的权威。法律的内在说服力既来源于法律本身的内在合理性，如法律合乎情理、维护正义、促进效率、通俗易懂，也来源于法律实施过程的合理性，如执法公平、司法公正。正是由于法律本身及法律实施具有这些内在合理性，法律才受人尊重，被人信赖，为人敬仰。在当代中国，树立法律权威对于建设社会主义法治国家、实现国家的长治久安具有非常重要的意义。法律权威是国家稳定的坚实基础。当国家的最高权威是领导者个人时，政治的稳定、国家的兴衰就将寄托于领导者个人身上。随着领导者的更迭，国家的政局就有可能大起大落，政策与法律也会频繁变动。而当国家的最高权威是法律时，由于法律是一种超越于任何个人之上的普遍性规则，并且具有稳定性和连续性，尽管领导者会不断流动和更迭，但政治统治与社会秩序仍将会保持相当的稳定性和连续性。

2. 自觉维护社会主义法律权威

社会主义法律权威的树立，既有赖于国家的努力，也有赖于公民个人的努力。从国家角度来说，应当采取各种有效措施消除损害社会主义法律权威的因素。例如，要进一步提高立法质量，保证法律的科学性、合理性；改善法律实施的状况，保证有法必依、执法必严、违法必究；深入开展法制宣传教育，增强全社会的法律意识。从个人角度来说，应当通过各种方式努力维护社会主义法律权威。

对于大学生来说，至少应做到以下三个方面：一是努力树立法律信仰。一个人只有从内心深处真正认同、信任和信仰法律，才会自觉维护法律的权威。大学生应当通过认真学习法律知识，深入理解法律在现代社会中的重要作用，深刻把握我国社会主义法律的精神，从而树立起对我国社会主义法律的信仰。二是积极宣传法

律知识。大学生在自己学习和掌握法律知识的同时，还要向其他人宣传法律知识。特别是要宣传社会主义法治观念，帮助人们彻底根除“权大于法”、“要人治不要法治”等封建残余思想，宣传我国社会主义法律的优越性，使人们了解、熟悉和认同我国社会主义法律，从而推动全社会形成尊重和维护社会主义法律权威的良好风尚。三是敢于同违法犯罪行为做斗争。违法犯罪行为既是对社会秩序的破坏，也是对法律权威的蔑视。大学生不仅要有守法意识，自觉遵守国家法律，而且要敢于和善于同违法犯罪行为做斗争，自觉维护法律权威。同违法犯罪行为做斗争的方式是多种多样的，既包括事前采取有效措施预防违法犯罪行为的发生，也包括事中和事后制止、检举、揭发违法犯罪行为。

延伸阅读

秦始皇的暴政

唐代诗人杜牧在《阿房宫赋》里指出：“族秦者，秦也，非天下也！”“秦人不暇自哀，而后人哀之，后人哀之而不鉴之，亦使后人而复哀后人也！”

在社会治理过程中，不要夸大任何个人的作用，那是人治社会的坏习惯。迷信与神话是蒙昧时代的产物，在现代文明社会里只能成为笑话。

沉默交易

在2000多年前的古希腊时期，地中海沿岸的贸易就已经非常活跃。来自古希腊的商人们坐上他们的小船，从地中海驶向非洲的北海岸。他们放下自己的货物，从海滨离开，然后消失。接着非洲部落会从森林中出来，带走货物，留下珠宝、黄金。第二天，那些古希腊人会回到海岸，取走他们的报酬。他们不能与对方见面，因为他们双方是敌对的，而且语言、文化不通。但是他们可以交易，因为他们之间相互信任，他们都相信对方会遵守共同的交易规则。这种奇特的交易方式在历史上被称为“沉默交易”。这种互不见面，没有任何保障的交易为何能够进行？就是因为交易双方都明白，交易必须是公平、对等、不欺诈的，别人给你一些物品用于交易，你就应该按行情给别人报酬，无论在什么情况下都应如此。现代社会常常把法律当成一种实用的工具，但法律更应该是根植于人们内心的信仰。

五岁小孩的法律意识

一个五岁的小孩,从未学过法律,但他也会说:这个玩具是我的!这就说明他有物权的朦胧意识。他说别人打了我,所以我才打了他,这就说明他有侵权法乃至刑法的观念。他说,你曾经答应过我的,这就表明了他有类似于合同法的意识。而所有这些观念都是一个从未接触过法律的五岁小孩自然而然拥有的。你认可“我们为什么需要法律?因为它有用”吗?

寻找中国的法律信仰

据历史记载,东汉末年,烈女赵娥为父报仇,用手扼死仇人,法官敬佩她的勇气和孝行,示意她逃走。然而赵娥拒绝了,她不愿意这样做,她说:“我虽然渺小,但还懂得法律,杀人之罪,国法难容,请按罪行将我的尸首在街上示众,肃明国法。”烈女赵娥与大思想家苏格拉底具有同样的法律信仰,这足以表明中国古代社会同样有着普遍的法律信仰。中国在漫长的文明史中,有其深厚的法律传统,也有独具特色的法律信仰。中国古代强调道德教化的作用,注重调解、调处,强调息讼、无讼。孔子强调“己所不欲,勿施于人”,并直接提出“无讼”的理想,就是主张大家相互忍让、体谅,这样就不会发生争讼;即使有了争讼,也可以相互妥协,和睦相处。因此,“和谐”是中国社会悠久而珍贵的思想传统和价值追求,对传统社会司法诉讼、解决纷争产生了深刻的影响。然而,中国的法律传统在近现代已渐渐式微,西方的法律文化被引入,中国的法律文化开始了重构。在这个过程中,古老的法律信仰被摧毁了,新来的法律意识冲击着每个中国人的灵魂深处,但又不可能在短时间内在人们心中生根发芽。对于一个有悠久的法制历史、有深厚的法律传统的国度而言,从传统到现代法治的转换尤为艰难。汲取古代法律精神中的优良品质,将它融入现代法律体系,使中国人的法律信仰在新的社会基础上重新生长出来,是当代社会的当务之急。

请同学们结合上面两篇短文内容,完成以下 10 ~ 15 人的现场问卷调查任务,并简要结合调查对象的回答分析原因。

现场问卷调查表

<table>
<tr><td rowspan="2">调查对象</td><td>内容1</td><td>内容2</td><td rowspan="2">原因分析</td></tr>
<tr><td>你的法律意识强吗？</td><td>你相信法律可以在你困难时真正帮助你吗？</td></tr>
<tr><td>1</td><td></td><td></td><td></td></tr>
<tr><td>2</td><td></td><td></td><td></td></tr>
<tr><td>3</td><td></td><td></td><td></td></tr>
<tr><td>4</td><td></td><td></td><td></td></tr>
<tr><td>5</td><td></td><td></td><td></td></tr>
<tr><td>6</td><td></td><td></td><td></td></tr>
<tr><td>7</td><td></td><td></td><td></td></tr>
<tr><td>8</td><td></td><td></td><td></td></tr>
<tr><td>9</td><td></td><td></td><td></td></tr>
<tr><td>10</td><td></td><td></td><td></td></tr>
<tr><td>11</td><td></td><td></td><td></td></tr>
<tr><td>12</td><td></td><td></td><td></td></tr>
<tr><td>13</td><td></td><td></td><td></td></tr>
<tr><td>14</td><td></td><td></td><td></td></tr>
<tr><td>15</td><td></td><td></td><td></td></tr>
</table>

专题二　公民的权利与义务

公民的权利与义务通常由宪法加以明确规定。我国宪法对公民基本权利的规定,体现了广泛性、平等性、真实性以及权利和义务的一致性。

延伸阅读

19世纪80年代,郑观应在其《盛世危言》中首次使用“宪法”一词;1908年清政府颁布《钦定宪法大纲》,此后“宪法”成为特定法律术语。1954年9月20日,第一届全国人大第一次会议通过新中国第一部宪法《中华人民共和国宪法》,共4章106条,以根本大法的形式总结历史经验,巩固革命成果,确定人民民主和社会主义原则,规定国家权力、公民权利和义务,反映全体人民的愿望和利益。

一、公民的基本权利与义务

(一)公民的基本权利

公民的基本权利,即公民依照宪法规定享有的人身、政治、经济、文化等方面的基本权益。根据我国宪法的规定,我国公民享有以下基本权利和自由:平等权,人身自由,政治权利和自由,宗教信仰自由,监督权和取得赔偿权,社会经济权利,教育、科学、文化权利和自由,妇女、婚姻、家庭、母亲、儿童和老人受国家保护。

1. 平等权

我国宪法规定:“中华人民共和国公民在法律面前一律平等。”平等权是我国公民的一项基本权利,法律面前人人平等是社会主义法制的一个基本原则。公民的平等权主要体现在三方面:凡我国公民都平等地享有宪法和法律规定的各项权利,也都平等地履行宪法和法律规定的各项义务;任何公民的合法行为,都平等地受到法律保护,违法犯罪行为也都平等地受到法律的制裁;任何公民都不得有超越

宪法和法律的特权。

2. 人身自由

(1) 公民人身自由的含义。

公民的人身自由是公民参加各种社会活动和享有其他权利的先决条件,它包括生存权和自由权。

(2) 公民人身自由的主要内容。

第一,人身自由权。公民的人身自由不受侵犯,非经人民检察院批准或者决定,或者非经人民法院决定,并由公安机关执行,不受逮捕;禁止非法拘禁和以其他方法非法剥夺或者限制公民的人身自由,禁止非法搜查公民的身体。

第二,人格尊严。公民的人格尊严不受侵犯,禁止用任何方法对公民进行侮辱、诽谤和诬告陷害。

第三,住宅不受侵犯。禁止非法搜查或者非法侵入公民住宅。

第四,通信自由和通信秘密。公民的通信自由和通信秘密受法律保护。除因国家安全或追查刑事犯罪的需要,由国家安全部门、公安机关或者检察机关依照法律规定的程序对通信进行检查外,任何组织和个人不得以任何理由侵犯公民的通信自由和通信秘密。侵犯公民的上述人身自由权利构成犯罪的,应当受到刑事制裁。

延伸阅读

2013年,李某与王某合伙做生意,因个体运输户赵某拖欠他们货款1万元、借款2万元,多次索债未果,李某、王某便强行将赵某挟持至家中,要赵某同意将其财产拿来抵押。赵某不从,李某、王某两人便动手殴打赵某,致赵某肢体多处软组织挫伤。随后,李某和王某将赵某用绳子捆绑了2天,直到第3天赵某同意拿出部分财产抵押,余款在一个月内还清才将赵某放回家。赵某随即报案。经法医鉴定,赵某所受的伤为轻伤。另外,赵某为治伤共花去医药费500多元。法院经审理认为,李某和王某对赵某欠他们的债款,未经法律途径予以解决,采取了限制他人人身自由、殴打他人的非法手段索债,其行为已构成非法拘禁罪。因此,法院依法对李某和王某分别判处有期徒刑2年,缓期2年执行,判处两被告赔偿被害人赵某人民币1500元。

3. 政治权利和自由

政治权利和自由包括两部分内容:一是政治权利,含选举权和被选举权;二是

政治自由,含言论出版自由、集会结社自由和游行示威自由。

(1) 选举权和被选举权。

这是公民参加管理国家事务的一项最基本的政治权利,体现了我国人民当家做主,管理国家事务的主人翁地位。我国法律规定,凡年满18周岁的公民,不分民族、种族、性别、职业、家庭出身、宗教信仰、教育程度、财产状况、居住期限,都有选举权和被选举权,但依法被剥夺政治权利的人除外。

(2) 政治自由。

这是公民表达个人见解和意愿,进行正常社会活动,参加国家管理的一项基本权利。

公民的这些政治权利和自由必须依法行使,不得损害国家的、社会的、集体的利益和其他公民的合法权利和自由,否则不仅得不到法律的保护,反而要受到法律的制裁。

4. 宗教信仰自由

我国宪法规定,我国公民有宗教信仰自由。任何国家机关、社会团体和个人不得强制公民信仰宗教或不信仰宗教,不得歧视信仰宗教的公民或不信仰宗教的公民。国家保护正常的宗教活动。

5. 监督权和取得赔偿权

(1) 监督权。

监督权,即公民对国家机关及其工作人员进行批评、建议、申诉、控告或者检举的权利。

(2) 取得赔偿权。

由于国家机关及其工作人员侵犯公民权利而受到损失的人,有依法取得赔偿的权利。

6. 社会经济权利

社会经济权利的内容包括以下四方面:

(1) 劳动权。

劳动权,即有劳动能力的公民有获得工作并取得相应报酬的权利。劳动是一切有劳动能力的公民的权利和义务。国家采取各种措施和途径,创造劳动就业的条件,加强劳动保护,改善劳动条件,提高劳动报酬和福利待遇,保障劳动权利的实现。

(2) 休息权。

休息权,即劳动者为保护身体健康和提高劳动效率而休养生息的权利。国家发展劳动者休息和休养设施,规定职工的工作时间和休假制度,保障劳动者休息权

利的实现。

(3) 退休人员的生活保障权。

国家依照法律规定实行企业事业组织的职工和国家机关工作人员的退休制度,并保障退休人员的生活水平不降低。

(4) 物质帮助权。

公民在年老、疾病或者丧失劳动能力的情况下,有从国家和社会获得物质帮助的权利。国家建立待业保险、养老保险、社会救济、医疗卫生等社会保障制度,以保障公民享有和行使这一权利。

7. 教育、科学、文化权利和自由

我国宪法规定,公民有受教育的权利和义务,国家培养青少年和儿童在品德、智力、体质等方面全面发展;公民有进行科学研究、文学艺术创作和其他文化活动的自由,国家对于从事教育、科学、技术、文化、艺术和其他文化事业的公民的有益于人民的创造性工作,给以鼓励和帮助,并保障公民享有和行使这些权利和自由。

8. 妇女、婚姻、家庭、母亲、儿童和老人受国家保护

我国宪法规定,妇女在政治、经济、文化、社会和家庭生活各方面享有同男子平等的权利。国家依法保护妇女的合法权益,实行男女同工同酬,培养和选拔妇女干部的政策。同时宪法还规定,婚姻、家庭、母亲、儿童和老人受国家保护;实行计划生育是男女双方的义务;父母有抚养教育未成年子女的义务;成年子女有赡养扶助父母的义务;禁止破坏婚姻自由,禁止虐待儿童和老人;对虐待儿童和老人,以及拐卖妇女和儿童的犯罪,依法严厉惩处。

(二) 我国公民的基本义务

1. 维护国家统一和全国各民族团结

这是我国公民必须履行的基本义务之一。国家的统一和全国各民族的团结,是有中国特色社会主义事业取得胜利的基本保证,也是实现公民基本权利的保证。全体公民必须自觉履行这一义务,坚决反对任何分裂国家和破坏民族团结的行为。

2. 遵守宪法和法律,尊重社会公德

我国宪法和法律是工人阶级领导的广大人民群众共同意志和利益的集中体现和反映,遵守宪法和法律就是尊重人民的意志,维护人民的利益,尊重社会公德,是社会主义精神文明的重要内容,是维护社会安定团结的需要。所以,每个公民都应自觉遵守宪法、法律和社会公德,与一切违反宪法和法律、破坏社会公德的行为做斗争。

3. 维护祖国安全、荣誉和利益

这是保障社会主义现代化建设和改革开放顺利进行的需要，任何公民不得为一己私利或小集团的利益而有损国家的安全、荣誉和利益。如果危害国家安全，给国家利益造成损害，要依法追究其刑事责任。

4. 保卫祖国，抵抗侵略，依法服兵役和参加民兵组织

保卫祖国，抵抗侵略是每一个公民应尽的职责，也是维护国家独立和安全的需要，是保卫社会主义现代化建设、保卫人民的幸福生活的需要。所以，每一个公民都必须自觉地依法履行这一光荣义务和神圣职责。

5. 依法纳税

税收是国家财政收入的重要来源之一。它取之于民，用之于民。公民依法纳税，对于增加国家财政收入，保障国家经济建设资金的需要，提高人民生活水平都具有重要意义。每个公民应自觉遵守和执行国家税收法规和政策，与偷税、漏税、抗税的违法行为做斗争，以维护国家的利益。

二、公民基本权利与义务的一致性

在人类社会发展史上，人们的权利和义务本来是一致的。在氏族制度内部，权利和义务之间还没有任何差别。进入阶级社会以后，随着生产资料私有制和阶级对立的出现，在剥削阶级和被剥削阶级之间，存在着根本不同的意志和利益，从而导致了权利和义务的分离，即剥削阶级享有权利，被剥削阶级承担繁重的义务。《中华人民共和国宪法》第 33 条规定："任何公民享有宪法和法律规定的权利，同时必须履行宪法和法律规定的义务。"我国公民权利和义务的一致性，具体表现在以下四个方面。

1. 公民享有的权利和应尽的义务是统一的

"任何公民享有宪法和法律规定的权利，同时必须履行宪法和法律规定的义务。"这说明权利和义务的不可截然分割性。正如马克思指出的，没有无义务的权利，也没有无权利的义务。

2. 权利和义务互相依存

这主要是就具体的权利和义务而言的。宪法规定父母抚养教育未成年子女的义务，对于子女而言是一种权利，对父母而言则是应尽的义务；成年子女赡养扶助父母的义务，对父母而言是一种权利，对子女而言则是一项义务。义务的履行，就是权利的实现。一方不履行义务，另一方的权利就无法得到保障。

3. 权利和义务彼此结合

这是指某些权利、义务的相互关系。例如，宪法规定劳动既是公民的权利，又是公民的义务；受教育既是公民的权利，又是公民的义务。

4. 权利和义务互相促进，相辅相成

在我国，国家、集体和公民根本利益的一致性，决定了只有当公民享有的各方面的权利广泛且有保障，激发起公民的积极性时，公民自觉履行对国家和社会的各项义务才能彻底实现。同样，只有公民认真履行了其对国家的义务，促进了国家经济、文化的发展，国家才能更好地保障公民实现其各项权利，并进一步扩大公民享受的权利的范围。

权利和义务的关系是一致的、不可分割的，两者之间是互动的关系。没有义务，权利便不再存在；没有权利，便没有义务存在的必要。同时，权利和义务，又是由权力所保障的。法律所规定的权利的实现，当然离不开义务的履行；实质上，这一过程也是权力作用的结果。

延伸阅读

美国公民权利

美国宪法对公民权利的设置可谓独树一帜，联邦宪法并未将公民基本权利写入宪法正文，而是通过修正案的方式对公民基本权利做出规定。当年否定将基本权利写入宪法的理由，现在已无从考证，但宪法中公民权利内容的缺失必然引起各方质疑和指责，美国国会最终用10条修正案将公民基本权利的内容补入联邦宪法，即后来的《权利法案》。《权利法案》对公民基本权利的规定大致可以分为三大部分：

一是民主自由权。修正案第1条规定了公民享有宗教信仰自由、言论自由、出版自由、集会权和请愿权五项自由权利。另外，修正案第2条规定携带武器权。这两条规定的是公民基本权利的实体权。

二是人身自由权或称被告的权利，即被告在司法程序上享有的人身权利。修正案第4条至第8条规定了被告在司法审判的过程中享有12项程序权，这五条规定的是公民基本权利的程序权。

三是权利的保留。修正案第9条规定人民保留以上所列权利以外的其他权利，第10条规定各州或人民保留未授予联邦政府的一切其他权力。这两条规定较为独特，既不属于实体权也不属于程序权，而是一种法律上的特别声明，以使整个《权利法案》严密、完整。从以上的分析可以看出，《权利法案》对公民权利的规定

有着显著的特点。主要体现在通过对国家权力的限制性规定来反向确认公民的基本权利和通过规定公民程序权利的方式确认其实体权利两个方面。此外,《权利法案》对公民权利的规定也较为简单。

项目设计

材料1:家长粗暴干涉儿女婚姻犯不犯法?

婚姻法规定,禁止包办、买卖婚姻和其他干涉婚姻自由的行为。刑法中规定以暴力干涉他人婚姻自由的,处以刑罚,可以依法起诉。遇到此类情况,可以拿起法律武器保护自己。

材料2:发工资的讲究

● 工资必须在约定的日期支付;

● 如遇节假日或休息日,通过银行发放工资的,不得推迟支付工资;直接发放工资的,应提前支付工资;

● 工资至少每月支付一次;

● 用人单位与劳动者终止或依法解除劳动合同的,用人单位应当在与劳动者办妥手续时,一次性付清劳动者的工资。

材料3:三种情况不能享受晚育假

晚育女职工除国家规定的产假外,享受30天晚育假,但是三种情况不能享受:

● 女方生育行为不符合法律、法规的规定(未婚生育、婚外生育、违反计划生育等);

● 生育时女方年龄未达到24周岁;

● 女方不是第一次生育(就是说生二胎的即使符合计划生育政策也不享受晚育假)。

1. 请同学们结合材料1和材料3,并查阅相关资料,整理出你在婚姻生活中的主要权利与义务有哪些。如果觉得还有补充建议,可在备注栏注明。

婚姻生活中的主要权利与义务

主要权利	主要义务	备注

2. 请同学们结合材料 2,并查阅相关资料,整理出你在工作岗位上的主要权利与义务有哪些。如果觉得还有补充建议,可在备注栏注明。

工作中的主要权利和义务

主要权利	主要义务	备注

专题三　侵权与维权

《宪法》规定“公民在法律面前一律平等”,“任何组织或个人都不得有超越宪法和法律的特权”。

延伸阅读

女性地位受歧视

● 在遗产继承上,女儿往往没有得到与儿子同等份额的遗产,甚至被剥夺了继承权。有的人认为,嫁出去的女儿如泼出去的水,没有继承权。

● 在一些农村,妇女不能同男子一样平等地分得承包地、自留地、宅基地。

● 在一些企事业单位中,女职工不能与男职工同工同酬,干同样的活,所得工资和奖金却要少些。在一些单位,裁员时,往往女职工被裁得多些。

一、侵权行为

一般认为,侵权行为是指民事主体违反民事义务,侵害他人合法权益,依法应当承担民事责任的行为。

(一)侵权行为的界定

第一,侵权行为并不仅指应受责难的“过错”或“罪过”行为。此含义虽为自罗马法以来不法行为原形“delictum”的核心,但现代侵权行为的相当一部分已不是这种意义上的“不法”行为,如高度危险作业、医疗行为等并不以过错为构成要件的侵权行为。

第二,侵权行为之“行为”包括积极的作为和消极的不作为,而且并非仅指人的行为。以人的行为为损害原因时,自可称之为侵权行为;因动物或工作物等非人的行为为媒介的物致人损害的情况,在性质上应理解为“事件”,意味着该损害不

适用有关责任能力的规定，但从对该动物或工作物负有义务的人方面考虑，仍可称其为侵权行为或准侵权行为。

第三，侵权行为应具备违反法律要素，不违反法律的侵害行为不属于侵权行为。如医生为病人手术、正当防卫、紧急避险等行为因具有违法阻却性而不属于侵权行为。违约行为只是违反特定当事人之间的约定，并非违法而不属于侵权行为。

第四，这里的"侵权"不仅指侵害"权利"，更不仅仅指侵害"法律规定的权利"，在特定的条件下还包括对他人依合同而获得的权利的侵害，包括对法律应当规定而没有规定的权利的侵害，以及对还没有上升为权利而应当受到法律保护的某种利益的侵害。

（二）侵权行为的分类

（1）按构成要件分。

一般侵权行为：指行为人基于过错直接致人损害，因而适用民法上一般责任条款的行为。

特殊侵权行为：指行为人虽无过错，但依民法特别责任条款或民事特别法应承担责任的行为。

（2）按侵害对象分。

侵害财产权行为：包括侵害物权及知识产权中的财产权的行为。

侵害人身权行为：包括侵害他人身体和心理的行为。

（3）按致害人的人数分。

单独侵权行为：致害人仅为一人的侵权行为。

共同侵权行为：致害人为两人或两人以上的侵权行为。致害人应负连带的损害赔偿责任。

（4）按行为性质分。

积极侵权行为：指致害人以积极作为的形式致人损害的行为。

消极侵权行为：指致害人以消极不作为的形式致人损害的行为。

（三）承担侵权责任的方式

《中华人民共和国侵权责任法》已由中华人民共和国第十一届全国人民代表大会常务委员会第十二次会议于2009年12月26日通过，自2010年7月1日起施行。

《中华人民共和国侵权责任法》规定，承担侵权责任的方式主要有：停止侵害、排除妨碍、消除危险、返还财产、恢复原状、赔偿损失、赔礼道歉、消除影响、恢复名

誉。以上承担侵权责任的方式,可以单独适用,也可以合并适用。

当然,被侵权人对损害的发生也有过错的,可以减轻侵权人的责任。如果损害是受害人故意造成的,行为人不承担责任。损害是第三人造成的,第三人应当承担侵权责任。因不可抗力造成他人损害的,不承担责任。因正当防卫造成损害的,不承担责任。正当防卫超过必要的限度,造成不应有的损害的,正当防卫人应当承担适当的责任。因紧急避险造成损害的,由引起险情发生的人承担责任。如果危险是由自然原因引起的,紧急避险人不承担责任或者给予适当补偿。紧急避险采取措施不当或者超过必要的限度,造成不应有的损害的,紧急避险人应当承担适当的责任。

二、维权

(一)维权简介

根据一项研究,“维权”一词在1992年以前完全没有在《人民日报》上出现过,而后在时间上和“和谐社会”一词有类似的起落。在2004年至2006年间,我国政府开展轰轰烈烈的消费者保护运动,“维权”一词被大量使用。然而,在2006年后,一方面“维权”一词扩散到消费者保护之外的其他领域,一方面总体的使用频率逐年降低。

合法权益一旦受到侵害,应正确使用法律武器,根据自己权益受损的程度,实事求是地提出相对合理的赔偿或维权要求。只有这样,才能使纠纷得到公正、合理、快速的解决。

延伸阅读

全国及各省市设有不同的“维权日”,有最早的消费者维权日(3月15日),沈阳市及重庆市的“农民工维权日”,还有“职工维权日”。中国共青团也曾办过“青少年维权日”相关活动。

(二)用法治破解维权“雾霾”

“雾霾”,现在已成为百姓茶余饭后经常议论的话题,成为民生领域一道绕不过去的魔障。自然界的“雾霾”既是天灾,亦是人祸,而维权领域的“雾霾”则纯粹

是人为因素造成的恶果。

我国宪法和法律都明确规定了公民享有的基本权利,如人身权、财产权等,但一旦公民的权利受到侵犯,维权过程步履艰难,维权诉求亦难顺利实现,维权"雾霾"成为法律领域一道很难破解的魔障。例如,公民个人信息被随意披露而又很难找到侵权者,城市和居民区的非法小广告如牛皮癣一样在不断挑战人们的耐力,电话诈骗使一些孤寡老人屡屡上当受骗却又找不到元凶。有道是"天网恢恢,疏而不漏",只要侵权行为一天不止,维权行动就不会停歇,法治终将破解维权"雾霾"。

延伸阅读

会所更名 会员卡作废?

29位消费者在上海海兰云天花园式浴场办理了充值消费卡。该浴场于2008年10月初重新装修后更名为"阿狄丽娜国际会所"。当他们再次前往店内消费时,却被告知原消费卡不能继续使用,必须再充值1000元更换新卡,且原本只需支付20元或38元浴资的基本洗浴项目也被取消了。经消保委调解,公司同意免费转卡或调换等额浴资券。

美发变脸快 要想转卡先加钱

高小姐等5名消费者在上海翔虹雅美容美发有限公司办理了美容美发卡。该美容店于2008年10月重新装修后"改换门庭"。当消费者持原卡到店内消费时,却被告知原卡需再充值才能转卡继续使用。经消保委调解,最终店方同意为消费者免费转卡。

水果变茶叶 "吉谷"缺诚信

张女士等78名消费者向消保委反映,他们持有的上海吉谷商贸有限公司的进口精品鲜果礼盒券不能兑现。据消保委了解,上海吉谷商贸有限公司确实发放过进口精品鲜果礼盒券,但由于备货出现问题,无法正常提供进口水果,因此以茶叶代替。

消保委受理该投诉后,经多次联系,最终,该公司表示将对此事件予以认真解决,做好消费者信息登记工作,并与消费者沟通,尽快解决兑现提货问题。

产假怎么放?

根据《女职工劳动保护特别规定》,女职工生育享受98天产假,产前可以休假15天;难产的,增加产假15天;生育多胞胎的,每多生育1个婴儿,增加产假15天。

女职工怀孕未满4个月流产的，享受15天产假；怀孕满4个月流产的，享受42天产假；流产费由单位支付。

签订劳动合同的五大误区

- 可随时辞退员工；
- 经员工同意可以延长试用期；
- 试用期不给员工缴纳社会保险；
- 试用期后再签订正式劳动合同；
- 试用期不享受病假、哺乳假、产假等。

如何申请法律援助？

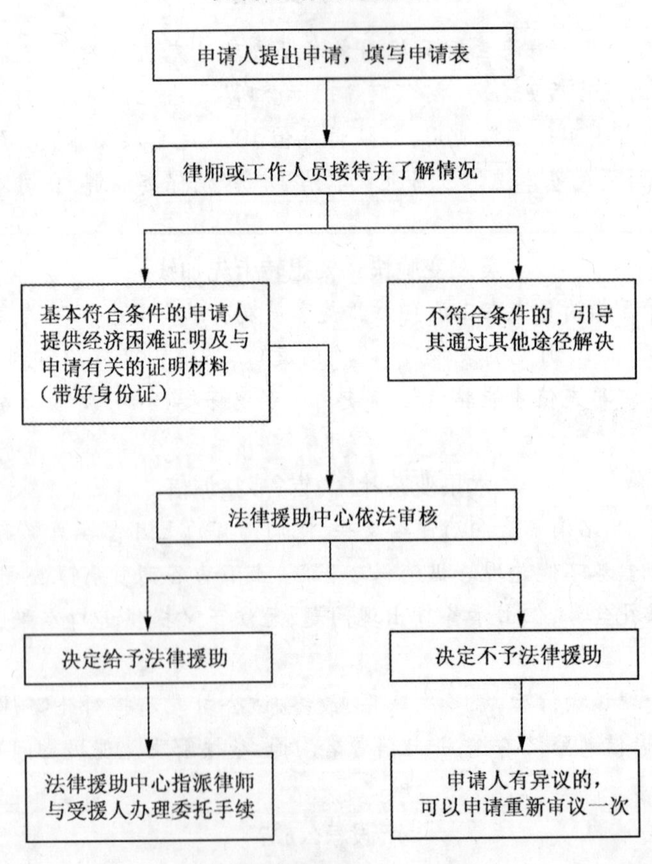

法律援助申请流程示意图

三、自律与他律

自律，是指自我约束。他律，是指接受他人约束。所谓“律”，即约束之意。约束，今人又常称“监督”。因此，自律，也可以说就是自我的检查和监督；他律，就是接受他人的检查和监督。德国古典哲学家康德第一次使用“自律”和“他律”，以表示他的伦理学说与其他伦理学说的区别。在康德那里，所谓“自律”就是从主体内在的道德观念中引申出道德原则，以强调道德原则的独立性和自身价值；“他律”则是从不依赖于主体意志的外在原因（如上帝意志、社会法规和先天感觉）中引申出道德原则。

我们的社会当然应该提倡自律，应该赞美自律精神，这是毫无疑义的。自律属于道德修养和思想教育的范畴。忽视思想品德的教育是不对的。但我们的社会决不能仅仅依靠自律。人类的全部历史证明，仅仅依靠人的自觉性，是远远不够的，我们还必须有纪律和法律来约束、规范人的行为。而纪律和法律是建立在古代哲学家“人性恶”理论基础上的。纪律和法律就是他律，或者说主要是他律。他律属于法治范畴。我们要建设一个健全稳定的法治社会，缺少了他律是绝对不行的。缺少了他律，自律也绝不会得到可靠的保障，忽视或者排斥他律（即异体监督），就是人治。人治必然导致整个社会的无序和混乱。

延伸阅读

“世界最诚实警察”

服务于英国警界30多年的尼格尔·柏加，有这么一件令人称道的诚实之举：一次，他到英格兰风景如画的湖泊区度假，发现自己在时速30公里的限速区域以时速33公里驾驶之后，便给自己开了一张违例驾驶传票。驶抵市区后，他立即把此事报告交通当局。主管违例驾车案件的法官大感意外，他说：“我当了这么多年法官，还从未遇到过这样的案件。”结果，这位荣获“世界最诚实警察”美誉的英警被判罚25英镑罚款。

自媒体时代的自律和他律

在互联网上，每一个账号都像一个小小的媒体。发帖子、转微博、评新闻……

信息、观点、态度便汇入了互联网的比特之海。自媒体——自我的小媒体，在近5亿网民、3亿微博的努力之下，焕发出巨大能量：境内50余家微博客网站，每天更新帖文达2亿多条。

从郭美美的名牌手袋到故宫破碎的瓷盘，在进行舆论监督、反映社情民意上，自媒体发挥着重要作用。据统计，在2010年舆情热度靠前的50起重大舆情案例中，微博首发的有11起，占到了22%。

不过，并不是所有人在所有时候都会把赞赏的掌声献给自媒体。社交网站、微博上"日本核辐射空气抵沪"的无稽之谈，让上海市民惊出一身冷汗；"甬温线动车事故29人失踪"的谣言，花费很大精力才得以澄清；而"滴血食品传播艾滋病"的失实传言，也在一定程度上造成了公众恐慌。

谣言不是自媒体的主流，但其危害不容小视。"艾滋女事件"等对个人造成的精神损害难以弥补，"浙江某学院党委书记开房被抓"等不实消息损害到领导干部群体的形象，而"碘盐防辐射"的谣言，更在短时间内引发抢购风潮。

新闻界前辈郭超人曾这样形容记者：笔下有财产万千，笔下有毁誉忠奸，笔下有是非曲直，笔下有人命关天。自媒体的发布者，可以说在不同程度上有着与记者相似的影响。开放的论坛、博客、微博，跟锁在抽屉里的日记本、摘抄本不同，已属于网络公共空间的组成部分。面对碎片化的信息，多一些独立思考、多一些理性判断，少一点冲动偏激、少一点轻信盲从，谨守法律的边界，谨守道德的底线，正是自媒体的"媒体责任"。

自媒体也是一种"自组织"，有着"自我净化"的功能。"金庸去世"的谣言在微博扩散，就曾引来网友广泛反思，更多人在评论、转发时更理性、更谨慎。近日"武汉女大学生被割肾"的传闻，通过知情网友的质疑、辟谣，也部分地澄清了事实。然而，近5亿网民与9亿多手机用户，十几亿支麦克风、十几亿个自媒体，难免会有杂音。正如指挥纠正跑调的音符，合唱才能更和谐、更美妙，要让自媒体更好地发挥媒体作用、承担媒体责任，他律同样重要。

立法机构、司法机关、互联网管理部门完善法规、加强监管，是更为有效、也更为根本的"谣言粉碎机"。互联网企业是"第一把关人"，尤需多一些社会责任感，多一些有效管理。传统媒体面对真假莫辨的网上信息，要通过认真细致的调查、求证，披露真相、以正视听。更重要的是，作为"被谣言"的主体之一，各级党政机关和社会团体应及时发布信息，回应热点疑点，说明真实情况，使谣言止于公开透明。

每一位严格自律、抵制谣言的网民，每一家秉持"真实、客观、公正"原则的媒体，每一个正视网络舆情、积极应对、及时回应的部门，都构成对造谣者的他律。这

样的他律，与网络、网民的自律，正是自媒体的两侧护栏。有了护栏的引导和保障，这一全新的、快速发展的媒介形式，才能在信息民主化的大潮中推动社会进步，与国家、人民一起，走向更好的未来。

加强和倡导自律是社会进步的内在要求，是构建和谐社会的客观需要。一个人如果只愿索取，不愿奉献，只顾自己，不顾他人，或为了个人利益而不惜损害他人和集体利益，是不可能在社会上获得真正的成功与发展的，更是为和谐社会所不容的。

加强自律，始终不渝地坚守道德和法律底线，并在此基础上不断提升人生品位，提高干事创业和服务社会的能力，这是做人的基本准则，更是共产党员特别是领导干部必须牢记和认真履行的人生准则。

强调自律，就是要求人们要不为时尚所惑，不为积习所蔽，不为浮名所累，自觉做到不与不三不四的人为伍，不让乱七八糟的事沾边，不做贪欲和私念的俘虏；强调自律，就是要求人们自觉做到位高权重不自傲，人轻言微不自卑，不钻制度和法律的空子，不践踏道德和法律的尊严，遵法守德，恪尽职守，乐于向善，勇于负责，敢于担当；强调自律，就是要求人们要努力在情所及、力所达的范围内，尽可能多地做一些有利于他人、有利于社会的事情；强调自律，就是要求人们要见贤思齐，见不贤而自省，经常反思自我、完善自我，就像革命老人谢觉哉那样，勇于“跟自己打官司”，和自我放纵的行为做斗争。

自律贵在持之以恒、防微杜渐、“慎始”又要“慎终”，做到“一念之非即遏之，一动之妄即改之”，决不让私欲、贪念在头脑中占上风。

他律是个人成长进步和社会发展所必需的外部条件，是来自外部的教育、批评、监督等约束。其中，教育是使人积累知识、分清正邪、明辨是非、陶冶情操、开启智慧之门、增强干事创业本领的重要途径和手段。教育属于较软性的约束形式。批评是使人认识错误，改正错误，从消沉中奋起，从迷途中知返，在歧路上猛醒，在悬崖前勒马的不可或缺的良药。批评属于较硬性的约束手段。监督则是通过组织、群众、舆论、制度、法律等形式，对行为对象进行的外部约束。其中制度、规章、法律等约束属于刚性约束，就像道路上的红灯，越线就要受到惩罚，甚至要付出生命的代价。他律是最基本、最重要的约束形式，是社会机器有效运转的关键所在，更是贯彻科学发展观、构建和谐社会需要进一步加强和完善的重点。

自律和他律是社会文明、和谐与进步的内在要求和客观需要。自律是他律充分发挥作用的重要基础，他律是自律意识发挥作用的重要条件。没有自律，他律难以充分发挥作用。没有他律，自律也难以有效建立，二者不可偏废。他律越规范，

自律的人就会越来越多；自律的人越多，社会就会越文明，越和谐，越进步。反之亦然。自律意识和他律意识的强弱，决定着一个人、一个团体，乃至一个政党、一个国家事业的兴衰与成败。

和谐社会的建立，需要全体公民，特别是领导干部切实加强自律意识和他律意识，呼唤适应时代特点和发展需要的他律体系的完善与增强。科学合理地设置权力，并将权力通过科学合法的程序赋予道德层次高、自律意识强、能干事、会干事的人，是确保事业兴旺发达的前提和基础；授权后辅之以健全有效的他律，防止其权力的滥用，则是确保事业兴旺发达的关键。任何人，任何组织，不论职位高低，也无论位置多么特殊，都应当加强自律，并置身于有效的他律之中。只有这样，才能真正营造出"风气好，使人不忍为恶；制度好，使人不能为恶；惩戒严，使人不敢为恶"的良好社会氛围，促进和谐社会的可持续发展。

《信息网络传播权保护条例》修订

新修订的《信息网络传播权保护条例》于 2013 年 3 月 1 日起施行。本次修改主要涉及第十八条、第十九条，加大了处罚力度，加强了网络信息的保护。

第十八条、第十九条中的"并可处以 10 万元以下的罚款"修改为"非法经营额 5 万元以上的，可处非法经营额 1 倍以上 5 倍以下的罚款；没有非法经营额或者非法经营额 5 万元以下的，根据情节轻重，可处 25 万元以下的罚款"。本决定自 2013 年 3 月 1 日起施行。

第十八条　违反本条例规定，有下列侵权行为之一的，根据情况承担停止侵害、消除影响、赔礼道歉、赔偿损失等民事责任；同时损害公共利益的，可以由著作权行政管理部门责令停止侵权行为，没收违法所得，非法经营额 5 万元以上的，可处非法经营额 1 倍以上 5 倍以下的罚款；没有非法经营额或者非法经营额 5 万元以下的，根据情节轻重，可处 25 万元以下的罚款；情节严重的，著作权行政管理部门可以没收主要用于提供网络服务的计算机等设备；构成犯罪的，依法追究刑事责任：

（一）通过信息网络擅自向公众提供他人的作品、表演、录音录像制品的；

（二）故意避开或者破坏技术措施的；

（三）故意删除或者改变通过信息网络向公众提供的作品、表演、录音录像制品的权利管理电子信息，或者通过信息网络向公众提供明知或者应知未经权利人许可而被删除或者改变权利管理电子信息的作品、表演、录音录像制品的；

（四）为扶助贫困通过信息网络向农村地区提供作品、表演、录音录像制品超过规定范围，或者未按照公告的标准支付报酬，或者在权利人不同意提供其作品、

表演、录音录像制品后未立即删除的;

(五) 通过信息网络提供他人的作品、表演、录音录像制品,未指明作品、表演、录音录像制品的名称或者作者、表演者、录音录像制作者的姓名(名称),或者未支付报酬,或者未依照本条例规定采取技术措施防止服务对象以外的其他人获得他人的作品、表演、录音录像制品,或者未防止服务对象的复制行为对权利人利益造成实质性损害的。

第十九条　违反本条例规定,有下列行为之一的,由著作权行政管理部门予以警告,没收违法所得,没收主要用于避开、破坏技术措施的装置或者部件;情节严重的,可以没收主要用于提供网络服务的计算机等设备;非法经营额5万元以上的,可处非法经营额1倍以上5倍以下的罚款;没有非法经营额或者非法经营额5万元以下的,根据情节轻重,可处25万元以下的罚款;构成犯罪的,依法追究刑事责任:

(一) 故意制造、进口或者向他人提供主要用于避开、破坏技术措施的装置或者部件,或者故意为他人避开或者破坏技术措施提供技术服务的;

(二) 通过信息网络提供他人的作品、表演、录音录像制品,获得经济利益的;

(三) 为扶助贫困通过信息网络向农村地区提供作品、表演、录音录像制品,未在提供前公告作品、表演、录音录像制品的名称和作者、表演者、录音录像制作者的姓名(名称)以及报酬标准的。

我国首个人人信息保护国家标准实施

2月1日起,我国首个个人信息保护国家标准——《信息安全技术公共及商用服务信息系统个人信息保护指南》实施。该标准最显著的特点是规定个人敏感信息在收集和利用之前,必须首先获得个人信息主体明确授权。

近年来,兜售房主信息、股民信息、商务人士信息、车主信息、患者信息等似乎已形成了新的产业。随着互联网及移动互联网的快速发展,数量巨大的网民个人信息在互联网上流动,却并没有获得很好的保障,个人会员资料、账号信息等被盗窃的现象更是屡见不鲜。可见我国个人信息安全保护的现状不容乐观。2011年年底,包括CSDN、天涯社区在内的大量网站用户数据库被黑客攻陷,约有近5000万用户数据遭到外泄,一时间网站安全如临大敌。CSDN事后称,导致黑客攻击的主因是公司网站采用明文方式保存用户密码,黑客一旦进入数据库,不需解密就可以直接看到用户密码等全部信息。但该事件并未引起其他知名网站的重视,时隔一年多,个人信息“裸奔”事件再被曝光。

打工仔掌握千万条公民个人信息

赵鹏，河南人，来北京已经6年，从最初的汽车配件行业逐渐转行做信函打印。记者见到他时，他因为涉嫌非法获取公民个人信息罪，和他的妻子已经成为阶下囚。

北京市丰台区公安分局的侦查员告诉记者，2012年9月14日，警方接到线索，有人在一家写字楼里贩卖公民信息。“表面上这家公司经营信函打印，但在公司的电脑里我们发现了一个庞大的数据库。”侦查员说，在破解密码进入数据库后，现场的人大吃一惊。“里面密密麻麻全是个人信息，民警把自己的手机号输入数据库，居然马上就查到了自己的住址、机动车等相关信息。”

赵鹏和他的妻子正是这家公司的经营者，在丰台区看守所里，他告诉记者，这些数据都来自互联网。“有的网友告诉我做这个可以赚钱，慢慢地就接触到了这些。”

赵鹏称，他手中的个人信息有两大类。一种是纯粹的手机号，“就是那种像话费单子一样的，没有人名，但有手机号和话费。是几年前的，都是北京移动的号码。我大概花了800元钱买了一套数据，里面有1000多万个号码。”还有一种则是一些网站的会员注册信息。“比如××通，或者一些门户网站，会员注册时要留下手机号、身份信息，他们(上线)有办法把这些弄出来。有时候我买到的个人信息就有标注，是哪些网站的用户。”

他告诉记者，上线的联系方式基本以QQ为主，交易也全部通过网络完成，双方不会有任何接触。

在出售时，这些手机信息是按照话费的高低排列顺序的，赵鹏解释，话费高说明机主消费能力比较强，发广告的人愿意找这样的“客户”。“一般情况下，我一两百元卖给他们几万条到十万条，卖了十几次、二十次的样子。”

赵鹏说，他购买这些个人信息的主要目的是“围客户”，“有的客户在打印信函之外，提出要这些个人信息，我能给他这些信息就能做成这笔生意。”而这些客户购买个人信息的主要目的是“发广告”，“做房地产、培训、会议行业的人需要得多”。

网上个人信息交易现“市场细分”

“这些信息在百度上都能搜到。”记者按照赵鹏的指点，在搜索引擎中键入特定的关键词，果然找到了一些相关的信息。

一个名为“北京业主数据”的网站，公开销售“2006年50万北京业主数据库”、“2007年85万上海高档楼盘业主数据库”、“2007年2.4万上海商务大厦业主数据库”等百余种信息。

而在另一家网站，个人信息被细分成“白领名录”、“股民信息”、“车主名录”、

“电视购物名录”、“高端名录”、“老板手机号码”等十一大类，其中更包括“手机高端用户”、“高尔夫会员名单”、“银行高管名录”、“CEO 培训班名录”、“北京各高档俱乐部会员资料”等，甚至还包括学生家长、学校名录等。

“每条记录包括以下字段：姓名、手机号码，以及其他备注信息。如果是企业性质的，包括单位名称、负责人、联系人、职位、地址、区号、电话、传真、移动电话、邮编、e-mail 等字段。所收录的数据大部分具有非常高的准确率。”这家网站的广告语如此介绍。

记者联系了其中一些卖家。在记者的要求下，一位卖家给记者发来了“北京移动全库”的截图。记者看到，数据库中清晰地显示了手机号码、机主姓名、身份证号码、地址、月消费额等信息。

“北京移动电话的全库有 2500 万个号码，上海的有 780 万。”一位卖家对北京移动电话的“全库”开价 3500 元，并声称，这些数据“全是最新的”。

在一位卖家发来的信息中，记者看到他出售的手机号码中包括 10 余个省市的移动、联通号码，根据不同的地区和数据数量，价钱从 1000 元到几千元不等。

这些数据究竟从何而来？

2011 年 8 月宣判的北京最大非法获取公民信息案揭开了贩卖公民信息产业链的冰山一角。这起案件的 23 名被告中，有 7 人分别来自移动、电信、联通公司内部，或是其他公司派驻电信运营商的职员，他们是个人信息泄密源头。

如何保护我们的个人信息？

各种广告电话、垃圾短信泛滥，以及各种“调查公司”如雨后春笋般滋生，表明公民个人信息交易存在巨大的市场。北京警方在调查赵鹏案件时发现，在网络论坛、社交群里都有大量求购不同类别和地区个人信息的需求。

“个人信息的泄露源自多方面，许多行业的工作人员都有机会接触、掌握大量公民个人信息。有些从业人员的法律意识不强，道德底线沦丧，使得保密协议和条款如同一纸空文，形成了庞大的网络交易市场。”北京市公安局丰台分局侦查员说。

而据办理北京最大非法获取公民信息案的检察官介绍，在互联网上存在众多以“侦探”等名义开设的 QQ 群等，这些聊天群组的成员通过互联网发布需求、互通有无，进行信息交易，使得泄露公民个人信息的途径延伸到多个行业、多个地域，“可以说在互联网上已经形成一定规模的覆盖全国、买卖便捷的个人信息交易市场”。

然而在对此类案件的审理中，依然存在对涉及公民个人信息犯罪的数量、情节法律规定模糊，公检法各部门、各地区的认识不统一等问题。特别是因为没有与出售、非法提供、非法获取公民个人信息三个罪名衔接的行政法律法规，意味着行为

人的行为在不构成犯罪的情况下，就不会被处罚。

中国社科院法学所研究员周汉华建议，一方面，司法机关在个案处理上，可以总结一些规律性的做法，比如说对“情节严重”的认定标准；另一方面，最高人民法院、最高人民检察院、公安部可以在大量典型案例的基础上，共同研究出台相关司法解释，解决现行法律中的“模糊地带”。

同时，司法部门还建议，对掌握大量公民信息的电信、医疗、教育等单位，应严格限制有权限查询公民个人信息人员的数量，通过建立分级查询制度、明确责任追究制度等，防止公民个人信息外泄。

“政府也应当加强网络监管，要求网络服务提供商及时删除涉嫌侵犯公民信息的广告和链接，监管可疑聊天群组并及时做好记录工作，增加公民个人信息在网络上交易的成本。纵观世界各国，单独立法保护公民个人信息，已是大势所趋。”周汉华认为，保护公民个人信息安全，最终的解决办法还是制定个人信息保护法。

“常回家看看”入法

2013 年 7 月 1 日正式实施的新《中华人民共和国老年人权益保障法》的最大亮点在于，第十八条中规定：“家庭成员应当关心老年人的精神需求，不得忽视、冷落老年人。与老年人分开居住的家庭成员，应当经常看望或者问候老年人。”

网购 7 日内可无理由退货

3 月 15 日，新修订的《中华人民共和国消费者权益保护法》开始实施。根据新消法，除部分特殊商品，网络商品经营者销售商品，消费者有权自收到商品之日起 7 日内退货，且无须说明理由。包装拆了但无损毁也能退。

推荐阅读

1.《法辨——中国法的过去、现在与未来》(作者：梁治平，贵州人民出版社 1992 年版)

作者以“用法律去阐明文化，用文化去阐明法律”的原则，奠定了比较法律文化研究的基础。收入本书的 19 篇文章里，13 篇刊于《读书》杂志，这些文章曾经以其锐利的思想、清新的文风而引人瞩目。

2.《法与中国社会》(作者：林剑鸣，吉林文史出版社 1988 年版)

作者站在社会和文化发展的战略角度上，着重从权、特权、家族、阶级等几个方面对中国古代法律制度和法律思想等问题进行反思，资料翔实，观点新颖，可读性强。

3.《人权与法制》(作者：罗玉中等，北京大学出版社2001年版)

作者从“人权与法制概说”、“当代中国的人权与法制建设”、“人权的国际保护”三个方面，就大家关注的人权理论与现实、人权立法等问题进行了深入浅出的探讨，理论价值较高，现实指导意义较为突出。

项目设计

结合你自己的生活经历(诸如网购、个人信息被曝光等)，梳理一下过程，并提出合理的规避风险的建议。

个人案例

个人案例简述	规避风险的建议

美的人生篇

罗丹说:“生活中并不缺少美,只是缺少发现美的眼睛。”让我们用一双慧眼去发现身边的美,成就美的人生。

专题一 人生与审美

何谓美

苏格拉底:美的东西之所以美,是否由于美?

希庇阿斯:是的,由于美。

苏格拉底:美也是一个真实的东西?

希庇阿斯:很真实。

苏格拉底:请告诉我,什么是美?

希庇阿斯:美就是一位年轻漂亮的小姐。

苏格拉底:一匹漂亮的母马美不美?

希庇阿斯:美,神说母马很美。

苏格拉底:一个美丽的竖琴美不美?

希庇阿斯:美。

苏格拉底:一个打磨得很光,做得很圆,烧得很透,样子又十分灵巧,而且还镶上花纹的汤罐美不美?

希庇阿斯:美。

苏格拉底:好了,既然一位漂亮的小姐、一匹母马、一个美丽的竖琴和一个镶上花纹的汤罐都是美的,你怎么能说"美就是一个年轻漂亮的小姐"呢?

希庇阿斯:最美的母马、竖琴、汤罐,比起年轻小姐来还是丑的呀!

苏格拉底:年轻小姐比起女神,不也像汤罐比起年轻小姐吗?最美的年轻小姐比起女神也是丑的。可见,美人的美也是相对的呀!既可以说她美,也可以说她丑。

思考:你认为什么是美?美在不同的事物之间是否具有可比性?

一、美与审美

美是人类一直追寻和探索的主题之一。俗话说,爱美之心,人皆有之。人们在

追求美、体验美的过程中,又在不断创造美。追求美使人生充满了愉悦与激情,推动人类社会的文明与进步。学习美学的知识,是完善人格的必要途径。

(一)美的含义

美究竟是什么?汉语中的“美”,最早出现在甲骨文中,由“羊”与“大”组成。从造字法来看,“羊大则美”,在生产力水平较低的时代,肥大的羊可满足人们饮食的需要,具有现实的价值,即为“美”。

在西方语言中,表示“美”、“漂亮”意义的单词都来源于拉丁语的“美”,而拉丁语的“美”在词源上又与拉丁语“好”和“善”等词联系紧密。表示“美”和“漂亮”意义的现代德语等与哥特语中表示“体格匀称”、“仪表优雅”的词直接关联。这表明,美是人们对人类生活中有意义、有价值的事物属性的一种概括。

我国古代的老子认为美是自然、朴素的,“大音希声,大象无形”。庄子提出:“夫天地者,古之所大也,而黄帝尧舜之所共美也。”“判天地之美,析万物之理,察古人之全,寡能备于天地之美,称神明之容。”孔子认为“里仁为美”,荀子提出“君子知夫不全不粹之不足以为美也”。

中国现代美学的诞生得益于20世纪初王国维和蔡元培对西方美学的介绍。社会上对于美也产生了多种认识。吕荧认为:“美是物在人的主观中的反映,是一种观念。”朱光潜认为:美是主观的思想意识对客观事物起作用所形成的“物的形象”。李泽厚说:“美是人类的社会生活,美是现实生活中那些包含着社会发展的本质、规律和理想而用感官可以直接感知的具体的社会形象和自然形象。简言之,美是蕴藏着真正的社会深度和人生真理的生活形象(包括社会形象和自然形象)。”〔1〕

关于什么是美,西方最早可以追溯到苏格拉底。最早的一篇系统论述美的著作是柏拉图的《大希庇阿斯》,柏拉图尝试着给美下了种种定义,最后,却只好借苏格拉底的话感叹:“美是难的!”关于美的本质的观点,虽然有各种说法,但是归纳起来主要就是以下几种:一种是从客观世界的特性出发,认为美是客观事物本身的形式或规律,如黄金比例,建筑师、画家纷纷发现当事物以黄金比例呈现时最美,据说达·芬奇研究发现以后,他笔下的人物大多符合这个比例。一种是从主观世界出发,把美归结为理念、意识,认为美在于客观事物表现了人的主观意志、情感等。如柏拉图提出“美是理念”,黑格尔认为“美是理念的感性显现”,“情人眼里出西施”。还有一种认为美是主观与客观的统一,是主观与客观相互作用产生的一种价值,是

〔1〕 陈望衡. 20世纪中国美学本体论问题. 长沙:湖南教育出版社,2001.

客观事物的某些形状、性质符合主观的某种需要，两者相互交融在一起而形成的特质。例如苏轼的《琴诗》："若言琴上有琴声，放在匣中何不鸣？若言声在指头上，何不于君指上听？"

马克思认为，美从其本质上来说，是人的本质力量的对象化，是自然属性与社会属性的辩证统一。人在一定的社会关系中展开的自由、自觉的活动的特征以及具体表现这一特性的人的才能、智慧、情感等本质力量，通过社会实践在人类的实践对象和创造物上体现出来，就是美的本质。

（二）美的特征

美的本质是内在、抽象的，但表现美的形态却是丰富多彩、千姿百态的，各种各样的事物呈现出不同的美的形态，它们各具特点，却又有共同的特征。美的特征主要有以下几点。

1. 形象性

又称具体可感性。凡是美的事物都能以一种具体的、生动的感性形象为人们的感官所感知。任何美的事物均通过一定的感性形象表现出来，比如形状、色彩、声音等。这一点我们可以从《红楼梦》里香菱和黛玉谈自己学写诗的体会时的一段精彩对话来理解。

香菱笑道："据我看来，诗的好处，有口里说不出来的意思，想去却是逼真的。有似乎无理的，想去竟是有理有情的。"

"我看他《塞上》一首，那一联云：'大漠孤烟直，长河落日圆。'想来烟如何直？日自然是圆的：这'直'字似无理，'圆'字似太俗。合上书一想，倒像是见了这景的。若说再找两个字换这两个，竟再找不出两个字来。再还有'日落江湖白，潮来天地青'：这'白'、'青'两个字也似无理。想来，必得这两个字才形容得尽，念在嘴里倒像有几千斤重的一个橄榄。还有'渡头余落日，墟里上孤烟'：这'余'字和'上'字，难为他怎么想来！我们那年上京来，那日下晚便湾住船，岸上又没有人，只有几棵树，远远的几家人家作晚饭，那个烟竟是碧青，连云直上。谁知我昨日晚上读了这两句，倒像我又到了那个地方去了。"

2. 感染性

美的事物本身具有一种怡情悦性、感动人、愉悦人、使人喜爱的特性。美是对人的本质力量的肯定，通过美的事物，人们看到自身的力量、智慧和勇气，因而能激起感情的波澜。如断臂的维纳斯，虽然残缺，但那恬静典雅的表情、曼妙的身姿，以及她散发出的活力和生气，表现出一种人的尊严和对自由、幸福的追求，因而具有

极强的美的感染力。

3．客观性

一处优美的风景，一部精彩的小说，一幅名画，这些美的事物总是不依赖于人的主观意识而客观存在的。客观事物本身提供了美的物质基础，但又离不开人的客观实践活动。自然美是人实践的产物，社会美是人的实践的直接表现形式，艺术美集中体现人的创造性和事物的显著特点。美的客观性正是源于人的实践的客观性。同时，美的标准也具客观性。

除此之外，美还具有社会性和愉悦性等特点。

（三）审美

1．审美的含义

关于审美，歌德和以往的人们总是在研究“什么是美”的问题不同，他提出要把问题放在审美和美感上，这样关于美学的基本问题就从“美是什么?”变成了“审美是什么?”黑格尔在《美学》中指出美学的正当名称是“艺术哲学”，或确切地说是“美的艺术的哲学”。

马斯洛认为：“审美需要的冲动在每种文化、每个时代里都会出现，这种现象甚至可以追溯到原始的穴居人时代。”[1]

审美就是人的生理活动和心理活动统一的过程，个体通过感官直接感知审美对象，从而形成对美的直观感受、体验、欣赏和评价。面对空旷的原野、飞泻的瀑布，诵读一首意境优美的唐诗，聆听贝多芬雄浑有力的交响乐，我们会不由自主地从心底涌出一种说不清、道不明的情感，这就是美感或审美感受。

审美是一种综合活动，它服从认识的一般规律，即从生动直观的感性认识上升到理性思维。但是审美又有特殊的规律，即主要通过形象思维的方式去感受、认识和评价美，其过程始终伴随着具体的感性形象和丰富的情感活动，往往在感性认知阶段就产生了审美快感，继而引发形象与观念相统一的审美意象，推动着主体不断地创造美和发展美。由此可见，审美活动是一种认识和创造的统一，是人从精神上把握世界、改造世界的一种方式。

2．审美的标准

邹忌修八尺有余，而形貌昳丽。朝服衣冠，窥镜，谓其妻曰：“我孰与城北徐公美?”其妻曰：“君美甚，徐公何能及君也?”城北徐公，齐国之美丽者也。忌不自信，而复问其妾曰：“吾孰与徐公美?”妾曰：“徐公何能及君也?”旦日，客从外来，与坐

〔1〕 杜夫海纳．美学与哲学．孙非，译．北京：中国社会科学出版社，1985：2.

谈，问之客曰："吾与徐公孰美？"客曰："徐公不若君之美也。"

明日徐公来，孰视之，自以为不如；窥镜而自视，又弗如远甚。暮，寝而思之，曰："吾妻之美我者，私我也；妾之美我者，畏我也；客之美我者，欲有求于我也。"〔1〕

邹忌对身边人关于孰美的回答做出的思考，也是我们在审美实践中必须回答的问题，即我们在审美实践中用什么尺度和标准去衡量对象的美丑。

审美标准是人们在审美活动中判断事物美丑的准绳，也是衡量审美对象审美价值高低的尺度。

审美标准具有相对性、差异性。不同时代、不同民族、不同阶级、不同个体，审美标准各有不同。审美标准是主体在长期的社会实践和审美实践中形成的，既有对审美对象的审美属性的概括，又有主体的审美经验的凝结，是客观与主观的统一。审美标准虽各有不同，但也具有一定的客观性。李白的诗、苏轼的词、伦勃朗的画、肖邦的音乐等，都经历了不同的时代，跨越了不同的民族，受到了人们普遍的喜爱。

凡是能够在历史上真正获得社会普遍认同的美的事物都具有这样的特点：它符合客观事物发展规律，蕴含着"真"；它有利于丰富人们的物质生活和精神生活，具有普遍而广泛的社会功利性，包含着"善"；它有利于人们通过感性形象观照自身的本质，即有鲜明的形式和谐统一地体现它的内容的"美"。这些可以作为最基本的审美标准。

3. 审美对人的意义

人类为什么要审美？审美对于人类来说有什么意义？

席勒曾经说过，若想要把感性的人变成理性的人，唯一的途径是首先使他成为审美的人。可见审美对于个人的成长具有重大意义。

一切的美都是审美者的心灵投射，一个人只有对自然和生活充满了渴求，才能在看见任何一个和生命息息相关的事物时产生美好的感情。审美对于一个人来说，真正的意义在于以下几点：

第一，审美有助于人们对真理的追求。审美是一种积极的情绪，它可以使人获得愉悦和激情，推动个体不断去追求、探索真理。

第二，审美可培养人的想象力和创造欲。审美在人类思维发展中占有重要地位。当人全身心地拥抱和感受美时，它能激发人在进行思维时的激情和想象，使人无法将眼前的美与生活中的某种情景和气氛区别看来，人的思维能力得到了训练。

〔1〕 阴法鲁. 古文观止. 北京：北京出版社，2011：182.

创造性想象的动力不是某种记忆的恢复,而是个体所认识和体验到的人类的真正情感。钱学森曾深有体会地说:“艺术里包含的诗情画意和对人生的深刻理解,使得我丰富了对世界的认识,因为受了这些艺术方面的熏陶,所以我才避免死心眼,避免机械唯物论,想问题能够更宽一点,活一点。”

第三,审美能够培养高尚情操,净化人的灵魂。面对大自然千姿百态的迷人风景,个体在欣赏时内心会油然而生一种珍爱之情。审美让人在体验各种美好的情感时,能够更加注重对生命和美好生活的珍惜。例如17世纪日本著名自然主义诗人芭蕉有一天在小路上散步,看到一朵小花默默地开着,这触动了他的怜爱情感,他写下一首俳句:“当我细细看,啊,一朵荠花,开在篱墙边!”表达了他对自然之美的无限热爱。美的事物使人们精神上愉悦,心灵受到感染,进而净化人的灵魂,能够使人们去除杂念和私欲,摒弃生活中的丑恶,追求美好的生活。

二、人生之美

关于人生之美,要思考的问题就是:什么样的人生才是美的人生?什么样的人生才值得?关于这个问题,歌德在他的著作《浮士德》里给我们做出了明确回答。歌德让作品的主角浮士德做了各种各样的生活尝试,最后告诉世人:在任何一种生活方式里,都要有爱,都要带着爱上路。有爱的人生才是人的一生,才使人成为人。

“什么样的人生才是美的人生?”是现实生活向我们每个人提出的生命之问。不论我们是否愿意,我们必须认真思考它、回答它,并依据我们的回答完成我们的人生之路。

1. 痛苦与欢乐

人生是痛苦的,但也正是痛苦孕育着我们坚强的人格,使我们的人生变得更富有内涵、更饱满。当我们认识到这一点时,我们的人生就能从痛苦中感受到无限的欢乐。亚里士多德认为:“幸福还是不幸取决于人的自我灵魂。”关于获得快乐的艺术,我们可以总结为以下几点:

(1) 不要去想象痛苦。许多人无法体验人生快乐是因为信奉悲观主义的人生哲学,他们总是能想象出许多不存在也永远不会发生的痛苦。就如人终有一死,想象死亡的痛苦体验要比真正体验死亡的痛苦更持久,更强烈,更令人不安。伊壁鸠鲁认为对死亡的恐惧通常使我们不能感受生命的快乐。所以他认为:人应该快乐地活着,坦然地死去。

(2) 使自己快乐的源泉是自我才能的发现。自我才能的发现和开发,总是能

给人带来快乐和美的体验，因为这个过程就是人自我追求和创造的过程。人类美的天性使得人必然要按美的规律创造自己各方面的才干和品性。而这是一个美与人生双向作用的过程。

(3) 承认命运的公正，不要总是有怀才不遇的感觉。命运对每个人都是一样的，问题在于我们能否把握住命运。

人生的快乐还在于，我们要善于记住使自己快乐的美好时光，而不要总是沉浸在痛苦的回忆之中。我们如果以自己的存在与否作为人生痛苦和快乐的尺度，我们的人生之美就会达到一个更高的境界。

2. 失败与成功

人生最能带给人痛苦与快乐的体验的是：失败与成功。成功是一个人理想追求的实现，无论理想大小，只要实现了就能带给我们成功的愉悦和快感。谁都希望自己成功，成功是在自己不断的追求中获得的，在这个过程中，我们可能会遭受失败和挫折。一个人的理想越大，越是难以实现，所遭受的失败和挫折就越多，痛苦的体验也就越深。我们要勇于承认失败，但是不能向失败低头，因为只要我们不断努力就有收获成功的可能。对于成功与失败的正确认识，我们可以归纳为以下几点：

(1) 忠于自己的选择。理想本来就是一个未知的未来，有些人的选择可能比较容易获得成功，而有些人的选择却充满了困难和险阻，需要经历无数次失败，才有可能获得成功。就如诺贝尔经过多次失败，最终获得成功。只要自己的选择符合社会和历史发展的规律，我们获得成功的秘籍就是坚持自己的选择。

(2) 善于耐心等待。失败会使人感到焦虑和心灰意冷，但是冷静的人能意识到急于求成的后果。人生没有捷径可走，只要我们认真努力，坚持不懈，成功将在失败之后向我们敞开大门。

(3) 善于总结失败的教训，实现理想。总结失败的教训不是逃避，更不是改变选择。逃避是知难而退，退避不前。而总结失败的教训，可以使自己更好地认清自己和社会，坚信“条条大路通罗马”。总之，我们在人生实践中，只有坚持不懈地努力，才能超越成功和失败的得失，走向人生最美的境界。

3. 生与死的超越

蒙田说：“我随时准备告别人生，毫无惋惜，这倒不是生之艰辛或苦恼所致，而是由于生之本质在于死。”然而，珍惜生命、逃避死亡却几乎是人类的天性，我国自古就有追求长生不老的想法。没有充分把握人生美的智慧的人，只能本能地看到死亡，并对死亡怀有畏惧和惊恐的心理。而智慧的人则对死亡持另一种态度，正如庄子所言：“生寄也，死归也。”这种态度使人类在死亡面前具有了优雅平静的美。

面对死亡我们应尽量做到：

（1）不追求永生。人类珍惜生命，但并不企求生命永驻。因为人本来就是自然的造化，而死正是顺从和回归自然的一条途径。

（2）不要总是想象死亡的来临。我们生的时候不应该总是设想自己将如何走向死，而是应该在生命的历程中尽可能爱惜生命，追求美好的理想。一个人生命的价值，不是以生命的长短来衡量的，而是以他为后人留下了什么来判断的。中央电视台主持人张越采访过一个负责临终关怀的医生，这位医生见过很多濒临死亡的人。张越就问："人在临死时都是什么状态？"医生说："你真的无法想象，太可怜了，有的哭，有的闹，有的砸东西，有的想方设法自杀，简直惨不忍睹。""那有没有临终时十分快乐的呢？""当然也有。""什么样的人死的时候会快乐？""凡是在一生中给别人爱最多的和得到别人爱最多的人，临死的时候，就最快乐。"

我们每个人都应在自己短暂的人生中，通过自己的努力和奋斗，使自己的生命有一个永恒的归宿。这样，我们也就实现了人生最后最高的审美价值。

三、和谐社会与大美人生

和谐社会是人类孜孜以求的社会理想，是马克思主义者不懈追求的社会理想。

我国历史上有过不少关于社会和谐的思想。"和"是中华民族普遍具有的理想追求和价值观念。孔子提出"和为贵"，墨子提出"兼相爱"、"爱无差"，孟子在《孟子·梁惠王上》中描绘了"老吾老，以及人之老；幼吾幼，以及人之幼"的社会状态。2000 多年来，我国的学者们从不同角度提出过"大同"社会的理想。

西方历史上也有许多学者提出过和谐社会的思想。柏拉图提出"公正即和谐"，赫拉克利特提出"对立和谐观"等。近代最早提出"和谐社会"概念的是 19 世纪初法国的空想社会主义者傅立叶。1803 年他发表的《全世界和谐》一书指出，现存资本主义制度是不合理、不公正的，将被新的"和谐制度"所代替。傅立叶为自己的理想社会设计了一种叫作"法郎吉"的"和谐制度"。"法郎吉"是一种工农结合的社会基层组织，傅立叶幻想通过这种社会组织形式和分配方案来调和资本与劳动的矛盾，从而创造人人幸福的和谐社会。1824 年，英国的空想社会主义者罗伯特·欧文在美国印第安纳州买下 1214 公顷土地，开始新和谐移民区试验，试图建立一种人与自然、工作和生活真正和谐的社会。他把自己的实验称作"新和谐公社"。1842 年，德国空想社会主义者魏特林在《和谐与自由的保证》一书中，把资本主义社会称为"病态社会"，把社会主义社会称为"和谐与自由"的社会，并指出新社会

的"和谐"是"全体和谐"。空想社会主义者对未来社会的描述，对后来的马克思主义的产生有着重要的作用。

马克思、恩格斯在继承前人思想成果的基础上，创立了科学社会主义，勾画了共产主义社会的美好蓝图，指明了实现美好社会理想的正确途径。他们在《共产主义宣言》中明确提出："代替那存在着阶级和阶级对立的资产阶级旧社会的，将是这样一个联合体，在那里，每个人的自由发展是一切人的自由发展的条件。"按照马克思、恩格斯的设想，未来社会将在打碎旧的国家机器、消灭私有制的基础上，消除阶级之间、城乡之间、脑力劳动和体力劳动之间的对立和差别，极大地调动全体劳动者的积极性，使社会物质财富极大丰富、人民精神境界极大提高，实行各尽所能、按需分配，实现每个人自由而全面的发展，在人与人之间、人与自然之间都形成和谐的关系。

社会和谐是中国共产党不懈奋斗的目标。2005 年 2 月，胡锦涛提出我们所要构建的社会主义和谐社会是民主法治、公平正义、诚信友爱、充满活力、安定有序、人与自然和谐相处的社会。民主法治，就是社会主义民主得到充分发扬，依法治国基本方略得到切实落实，各方面积极因素得到广泛调动。公平正义，就是社会各方面的利益关系得到妥善协调，人民内部矛盾和其他社会矛盾得到正确处理，社会公平和正义得到切实维护和实现。诚信友爱，就是社会互相帮助、诚实守信，全体人民平等友爱、融洽相处。充满活力，就是能够使一切有利于社会进步的创造愿望得到尊重，创造活动得到支持，创造才能得到发挥，创造成果得到肯定。安定有序，就是社会组织机制健全，社会管理完善，社会秩序良好，人民群众安居乐业，社会保持安定团结。人与自然和谐相处，就是生产发展，生活富裕，生态良好。

构建社会主义和谐社会为个人的和谐发展创造了良好的社会环境，而个人的和谐发展又会为和谐社会的发展不断注入新的动力。大美人生应该是和谐发展的人生。早在 18 世纪，德国哲学家席勒就指出，人在自然状态下受制于自然，而在纯粹的道德状态下又受到理性的压抑，理想的人生应该是理性和感性的完美结合。马克思、恩格斯在他们所生活的年代，看到因社会分工的专业化和细密化造成人的畸形、片面发展时，就多次强调人的发展应该是全面、自由、和谐的发展。今天，我们应该清楚地看到，仅仅掌握了丰富的知识和技能，缺乏身心的和谐发展，缺乏对艺术和美的感知，是难以在今天的社会为人类做出杰出贡献的。真正身心和谐发展的人在创造的同时，充分享受生命的美好，全面理解人生的含义。一个和谐发展的人，才会是一个充满无穷创造力量和远大志向的个体，才会摆脱庸俗、自私，成就大美人生。

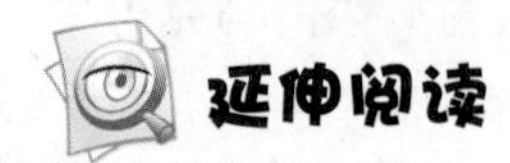

人生之美

季羡林

评断一本书的好与坏有什么标准呢？这可能因人而异。但是，我个人认为，客观的能为一般人都接受的标准还是有的。归纳起来，约略有以下几项：一本书能鼓励人前进呢，抑或拉人倒退？一本书能给人以乐观精神呢，抑或使人悲观？一本书能增加人的智慧呢，抑或增强人的愚蠢？一本书能提高人的精神境界呢，抑或降低？一本书能增强人的伦理道德水平呢，抑或压低？一本书能给人以力量呢，抑或使人软弱？一本书能激励人向困难做斗争呢，抑或让人向困难低头？一本书能给人以高尚的美感享受呢，抑或给人以低级下流的愉快？类似的标准还能举出一些来，但是，我觉得，上面这一些也就够了。统而言之，能达到问题的前一半的，就是好书。若只能与后一半相合，这就是坏书。

拿上面这些标准来衡量池田大作先生的《人生箴言》，读了这一本书，谁都会承认，它能鼓励人前进；它能给人以乐观精神；它能增加人的智慧；它能提高人的精神境界；它能增强人的伦理道德水平；它能给人以力量；它能鼓励人向困难做斗争；它能给人以高尚的美感享受。总之，在人生的道路上，它能帮助人明辨善与恶，明辨是与非；它能帮助人找到正确的道路，而不致迷失方向。

因此，我的结论只能是：这是一本好书。

如果有人认为我在上面讲得太空洞，不够具体，我不妨说得具体一点，并且从书中举出几个例子来。书中许多精辟的话，洋溢着作者的睿智和机敏。作者是日本蜚声国际的社会活动家、思想家、宗教活动家。在他那波澜壮阔的一生中，通过自己的眼睛和心灵，观察人生，体验人生，终于参透了人生，达到了圆融无碍的境界。书中的话就是从他深邃的心灵中撒出来的珠玉，句句闪耀着光芒。读这样的书，真好像是走入七宝楼台，发现到处是奇珍异宝，拣不胜拣。又好像是行在山阴道上，令人应接不暇。本书“一、人生”中的第一段话，就值得我们细细地玩味：“我认为人生中不能没有爽朗的笑声。”第二段话：“我希望能在真正的自我中，始终保持不断创造新事物的创造性和为人们为社会作出贡献的社会性。”这是多么积极的人生态度，真可以振聋发聩！我自己已经到了耄耋之年，我特别欣赏这一段话：“‘老’的美，老而美——这恐怕是比人生的任何时期的美都要尊贵的美。老年或晚年，是人生的秋天。要说它的美，我觉得那是一种霜叶的美。”我读了以后，陡然觉得自己真“美”起来了，心里又溢满了青春的活力。这样精彩的话，书中到处都

是，我不再做文抄公了。读者自己去寻找吧。

现在正是秋天。红于二月花的霜叶就在我的窗外。案头上正摆着这一部书的译稿。我这个霜叶般的老年人，举头看红叶，低头读华章，心旷神怡，衰颓的暮气一扫而光，提笔写了这一篇短序，真不知老之已至矣。

项目设计

1. 名作欣赏。

拉斐尔《美丽的女园丁》

北宋赵佶《芙蓉锦鸡图》

苏州博物馆

2. 美感不是与生俱来的,是经过后天学习而逐渐习得的。做一次郊外旅游计划,感受大自然的美,用你的手机记录你的感受和经历。

专题二　爱情之美

一、文学中的爱情

爱情一直是文学作品所钟爱的题材之一。文学作品中的爱情描写大都涉及人性善恶，以及人对性与爱的认识，对爱与自由的认识等。例如《安娜·卡列尼娜》中的卡列宁在道德排行榜里，是一名模范丈夫，他很成功，对安娜也特别好。可安娜最终还是红杏出墙了。卡列宁对安娜口口声声宣布："我是你的丈夫，我爱你。"可安娜却想："爱，他能够吗？爱是什么，他连知道都不知道。"在安娜的眼里，卡列宁不过就是一个欺世盗名的伪君子，她想摆脱却又无法摆脱时，就宁可牺牲生命也绝不欺骗自我。文学作品中很多关于爱情的描述都会引起我们对爱情的不同思考。

延伸阅读

长　梦

吴念真

那张脸孔和笑容依然如此熟悉，岁月好像没有在他脸上留下多少痕迹。他的生日就算不写上，直到现在她也还记得清清楚楚，何况是那么特别的日子：四月一日，要遗忘也难。

"甜美而缠绵的言语和神情或许更容易打动你的心，但，请原谅一个在这样的日子里出生的呆子，他只会用最简单而且愚昧的书写方式来呈现心里已然无法压抑的悸动和持续的、无声的呐喊，但却又无能想出更婉转、更合适的语词，因此只好写下这单调而贫乏的三个字——我爱你。"

这是他写给她的一百多封情书的第一封。

几十年后的现在当然看得出当时他是那么聪明地装笨，但接到信的那个当下，光最后那三个字已让她毫无防备地泪流不止，一如此刻。

此刻摆在她面前的是他的讣闻，以及那一百多封收藏多年，有些甚至已经可以倒背如流的情书。

他大她两岁，今年不过才五十初度，然而却就这样永远离开了，永远不会知道她有多少次曾经想象着，某一天可以和他在异国黄昏的街头重逢时的浪漫……夕阳下惊喜的对视、长久而无声的拥抱，之后是微醺下彻夜平静而且毫无掩饰的长谈，有欢笑也有泪水，直到黎明。

她要跟他说长久以来的思念和遗憾，而最后，他或许也会跟她说：你也许不相信，但这辈子……除了你，我不曾爱过别人！

她常用这样的想象下酒，让自己在寂寞且自觉已然苍老、爱情不再的夜里，还有一点生命的余温可以挡寒入梦。

为什么是异国重逢？有时候连她都会对自己所“设计”出来的想象觉得苍凉……因为几十年来他由知名作家转变成一个经常出现在媒体上的政府官员，在已然是“全民皆狗仔”的台湾，除了国外好像没有可以满足她的想象的所在，而世界各地来去奔波却正是她生活的一部分。

只是这样的生涯转变，却都不是爱情萌芽的阶段两个人想象得到的事。

第一次彼此认识的时候他大三，是大学文学社的社长，而她是商学院的新鲜人；注册那天她从他的手上接过一份好像是特别为商学院新生所设计的社员招募传单，因为上头的文案写着：或许你不知道，邱永汉不仅是一个成功的企业家，他也是得过直木奖的作家！

她问：“什么是直木奖？”他说：“来参加文学社你就会知道！”

两人熟识之后讲起那天的情形，她曾经跟他招认，其实会加入文学社根本不是为了知道直木奖是什么，而是“你的笑容像孩子，而且你有一双好看的手，那双手给人的感觉就像一个作家”。

后来才知道自己的直觉挺准的，因为那时候他已经是一个颇有知名度的大学生作家。在偶像明星还不像现在这么泛滥的年代里，文学社有许多女生其实是冲着他的名气而加入的，她甚至还可以明显地感觉到她们暗地里彼此勾心斗角“争宠”的氛围。

而这也是她意外地接到他示爱的情书时那么惊喜、激动而泪流不止的主要原因——怎么是我？竟然是我！

一星期至少一封的情书在第三十几封之后频率略减，因为他说：“我喜欢直接把爱写在你的唇上、耳边、发梢以及你细致而敏感的身体上……”

毕业后他在澎湖服役，那是情书频率最高的时光，每一封几乎都流露着炽热的爱意和深浓的思念，而这样的思念都得经过漫长的等待之后，在他返台的假期里才

得到补偿。

从她毕业那年的夏天开始，只要他一声召唤，她二话不说，飞机票一买就去，即便只是部队晚餐后到晚点名前那几个小时激情的相处，她也觉得满足。至今她都还记得他连澡都没洗便猴急地扑过来时，身上浓烈的体味以及在唇齿之间流窜的汗水的咸涩。

就在他退伍前夕，她接到英国一间她向往已久的大学入学通知。当她迫不及待地飞到澎湖告诉他这个让她雀跃不已的讯息时，他却只沉默地看着她，好久好久之后才说："对不起，说实在……我无法分享你的喜悦，因为对我来说，你好像正在慢慢远离，而我却无力跟上你的脚步。"

那个傍晚她只记得在止不住的泪水里，第一次听他提到两个人家境的差异、志趣的选择、思念与距离之间的考验，还有未来可能如何又如何……最后他认真地说："我没有权利干涉你任何决定和选择，更不愿意自私地阻扰你对未来的追求，除了祝福，我只有等待，请记得……你是我这辈子的最爱!"

令她心疼的是，他仿佛一直信守着"等待"的承诺，不定期的航空邮简密密麻麻地诉说他的思念、工作和生活。

只是，这些信始终无法汇聚成足够的能量，让在湿冷、阴霾的异国里活在课业压力下的她得到支撑，反而是她父亲公司派驻在伦敦的经理蓄意的殷勤，让她不时地可以得到一些必要的温暖。

最后她不得不承认，思念与距离真的是一种严苛的考验。她记得少女时代只要看到香港连续剧里的男女用广东话谈情说爱时总觉得好笑，没想到一年多之后她就和那个来自香港的经理走进教堂。得知讯息的他写来的最后一封情书只有几个字：等待的尽头祝福依旧，只因为你是我这辈子的最爱。

两年后她从报纸上看到他结婚的消息，新娘她认识，也是当年文学社的社员之一。然而，她心里的愧疚却不曾因此消失，倒像是不愈的暗疮，常在无法预料的时刻隐隐作痛。

三年后她离婚，先生劈腿，对象是一个客户的秘书，香港女孩。

之后，她全心投入父亲公司在欧洲的各项业务，男人不缺，爱情却始终空白。

最后一次看到他，是在政权二度移转之后一个政商云集的宴席上；他似乎一眼就认出她来，虽然不停地和其他人握手寒暄，但视线却老是瞥向她这边。后来他慢慢走过来，依然是那么好看的笑容，伸出来的依然是像作家的手。

她不知道从何说起，只好以微笑和沉默面对，而当感觉到他的手好像有意传递某些隐秘的讯息似的连续紧握了她几下之后，她再忍不住地藉着西式的拥抱有意地亲近曾经那么熟悉的身体，她听见他在耳边轻轻地说："我知道有关你所有的

事……我一直都在意。”

她把名片递给他，而在眼泪即将溃堤之前，她低头转身，缓缓离开。

葬礼很沉闷，公祭的单位很多，她坐在角落的位子远远看着那张熟悉的脸孔，安静地听着司仪以故做忧伤的腔调吟诵着一篇接一篇毫无感情的祭文，等候着个人拈香的时刻到来，因为唯有那时她才有机会跟他说：我对不起你，但请你相信，这辈子，最爱的依然是你。

后来她无意识地打开方才入口处服务人员递给她的礼袋，发现里头装着一条名牌手帕和一本书《字字句句都是爱》，书名和封面设计都有点俗气。她连墨镜都没取下，随意翻看着。她看到遗孀写的卷头语，说里头是当年夫君写给她的大部分的情书：“他把大爱留给台湾，其余的就在这里，只留给我这个幸运的女子。”

然后她看到第一封，没想到竟然是多年以来几乎都可以倒背如流的内容：“甜美而缠绵的言语和神情或许更容易打动你的心，……我爱你。”

日期比写给她的稍稍晚了一点，隔了一个月又九天。

当邻座一个中年妇人好意地递给她面纸的时候，她才发现自己在哭。

“你留着用吧。”那妇人指着她手上的书低声地跟她说，“我现在只想笑，因为直到刚刚我才发现，这家伙当年写给我的情书，竟然和写给他老婆的一模一样。”

二、现实中的爱情

社会上有一些关于爱情的流行语，比如“婚姻是爱情的坟墓”，“因为误解而结婚，因为了解而离婚”。卢梭曾说过：“我常常想，如果我们在婚后仍能保持爱情的甜蜜，我们在地上也就等于进了天堂，这一点，迄今还没有人做到过。”〔1〕而我们对爱情最美好的祝福却是“愿天下有情人终成眷属”。婚姻本是爱情最好的归宿，也是爱情能够成长为参天大树的最好基石。然而，婚姻又是现实的，婚前的审美距离消失了，取而代之的是婚后生活中日复一日的烦琐的家务劳动，养儿育女的艰辛与不易。要想使自己的爱情能够成长，就应如鲁迅所说：“爱情必须时时更新、生长、创造。”因而现实生活中的爱情形式——婚姻，其实是最需要有审美追求的。

真正的爱情不是静止不变的，它需要更新、生长，以至创造，使爱情历久弥新。因而也就要求爱的双方能够经常丰富自己的内心世界，同时不断培养感知对方心

〔1〕 卢梭. 爱弥儿. 北京：商务印书馆，1983：733.

灵品性中一切美好的审美能力。我们的身边经常会出现一些令人羡慕的神仙伴侣,他们彼此为对方做了什么?让我们一起来阅读张战写的文章《母亲的爱情》。

延伸阅读

母亲的爱情〔1〕

张　战

母亲一生最不喜照相,一发现镜头对着她,就总用手遮着脸,半羞半笑地说:"丑死了,照什么。莫照莫照。"老年,她却极爱给父亲照相。她觉得父亲真是长得好。年轻时眉目俊朗,英气逼人,老了面目清和,风度从容娴雅。她说了一句恐怕是她这辈子说过的最有文化的话:"你爸爸现在有出尘之姿。"这话说得极好,却常被我们来拿调侃她:"妈妈好有文化的","妈妈真是会用词啊"。我们拿母亲打趣,她却从来不恼。我们家,母亲的学历最低。我的外公解放前是一个不大不小的地主,家里广有良田,城里还有药号。外公最为骄傲的却是家族里出了几个读书人,据说老家在旧时谁都知道"彭家大屋"、"彭葆元堂",外公家还曾有过御赐的匾额。一解放,外公差一点被斗死,财产被分掉。母亲那时恰恰初中毕业,失学了。已在大学当教员的二哥把她接到长沙,供她读了一个邮电学校。母亲十九岁在长沙市邮电局当了话务员。

父亲这样描述第一次见到母亲时的样子:"你们的妈妈,那时候,好姿式呢。穿一件白底起小红点的连衣裙,一双红皮鞋。长辫子,头发黑得照人眼睛。"母亲皮肤白皙,身段苗条。一直到现在,七十四岁还像少女一样体态轻盈。母亲却自认为长得丑,不愿意听人家说她的儿孙们长得像她。她说:"莫讲长得像我,他们不高兴。"可是,父亲晚年最津津乐道的是,他跟母亲一起出去,别人怎样夸奖母亲衣服穿得好看,"姿式",头发如何盘得好。又有哪个年轻姑娘,专门学母亲盘头发的样子。长沙人夸女人有姿态,有风韵,喜欢用"姿式"这个词。"好姿式"是父亲最喜欢用来评价母亲的话。

父亲三十岁时第一次见到母亲,请她看刀美兰的舞蹈晚会。当时的父亲是解放军的大尉。部队里实行严格的等级制,只有营级以上干部才能谈恋爱。母亲那年刚二十岁,已入了党,无忧无虑,快乐得像一只小鸟。母亲一看到父亲,心想:"好黑,像一个印度人",又想:"好老,大了我十岁"。可是,她很快嫁给了他,不久又放弃自己的职业,当了随军家属,跟着父亲不停地迁徙换防。每个地方住个一年半

〔1〕 http://news.ifeng.com/gundong/detail_2012_05/11/14460818_0.shtml.

载，好不容易熟悉了环境，马上又走了。我最早的记忆，就是漆黑的夜里，母亲抱着我挤在军用卡车中颠簸。黑暗中听到大人们压低声音模糊地说话，闻到车里各种奇怪的味道。因为部队保密，连母亲都不知道自己将要去什么地方。她也习惯了这种生活，早上起来不知道晚上会在哪里睡觉。

1968年，父亲被隔离审查，三年没有回家。母亲带着我们三兄妹在桂林生活。我和妹妹小，对父亲长久不见懵然不觉，哥哥大一些，问母亲："爸爸为什么还不回家来？"母亲回答："爸爸出差。"哥哥自言自语长叹一口气说："爸爸出差这么长啊。"不久，我们家被抄，家里的书全部被丢在院子中间，一把火烧掉。母亲很平静，把我们三兄妹护在身后，站在火堆边看书页在火中蜷起角，变黑，变成灰。后来我们才知道，母亲把父亲最珍爱的一套书早早地藏了起来，那是1914年上海石印版的《红楼梦》，王希廉、蝶芗仙史的增评加批图说本。母亲很聪明，给这套书用蓝印花布做了一个封套。这套看不见书名的书被我们带到父亲下放的农场。我们住的是茅草屋顶的土砖屋，这套《红楼梦》就安全地插放在土墙边的小藤书架上。我在小学五年级时，一点一点地把它偷看完了。

父亲被隔离审查那三年是我们最艰难的日子。母亲被逼着与父亲离婚，离婚申请书都帮她写好了，只等她签名。母亲流着泪，轻轻说："我们一家人，死都要死在一起。"父亲后来有了一堆罪名，下放农场劳动改造。母亲松了一口气，带着我们兄妹三人陪父亲一道，先坐火车，又坐汽车，再转马车，到了一个农场的生产队。

父亲劳动改造那几年，母亲在我们心目中是仙女。她是党员，没有政治错误，分配在分场场部工作，工资照发。母亲很快交了许多朋友，从不知什么地方弄来各种稀罕的食物，让我们吃得极好。有一次，母亲喊哥哥和我一起从分场抬回一副完整的猪骨架，从猪头一直到猪尾巴。那是六月的一个傍晚，两个小孩一个抬猪头，一个抬猪尾走在小河堤上。星星一个一个从越来越蓝的天空中跳出来。孩子默默地走，小河堤两旁有不少野坟。天渐渐黑透了。星星越来越亮，野坟上开始飘曳一朵朵幽绿幽绿的鬼火。人走过带动空气流动，鬼火好像也跟着我们走。我们不知怎么的，也并不害怕。那几年，我们吃过各种野味和河鲜。母亲说我们还吃过河豚，是爸爸做的。这些我不大记得了。但我记得吃天上飞的东西时，总不时吃出几粒铁沙，那是打飞禽时用的子弹。

父亲和母亲很恩爱。母亲并没有显出是比父亲小十岁的娇妻。相反，她不但时时照顾父亲，在他艰难的时候陪伴支持他，甚至在他被人欺负的时候还保护他。母亲在父亲面前唯一娇憨的表现就是下班进家门后，端起父亲早就泡好的茶，一口气喝到底，然后用眼睛瞟着父亲，得意地往桌上一放。父亲就很配合地假装不满，

说："看你咯，把茶吸得精干的，又不兑起，等下要喝又没有。"父亲说完，又起身去帮母亲把茶泡好。

三、爱情与审美

希腊神话中特洛伊战争的缘由，据说是因为帕里斯在放牧的时候，碰到三位女神，让他做裁判来评判三位女神中谁最美，就把手中的金苹果给她。三位女神都开出了相当优惠的条件。万神之母赫拉允诺：如果你把金苹果给我，那么你可以统治地上最富有的国家。智慧女神雅典娜说：假如你判我最美，你将以人类最富有智慧者而出名。爱神阿佛洛狄特，一直以最美丽的眼睛在说话，这时她也允诺：如果你把金苹果给我，我愿意把世上最漂亮的女子送给你做妻子，让你享受爱情的幸福。帕里斯把手中的金苹果送给了爱神。在权力、智慧和爱情之间，帕里斯选择了爱情。

（一）爱情

1. 爱情的本质

爱情是一个古老而常新的人生话题，古往今来，有的人诋毁它，有的人赞美它，有的人终生苦苦追求它。

爱情是一对男女基于一定的物质客观条件以及共同的人生理想，在各自心中形成真挚爱慕，并渴望对方成为自己终身伴侣的一种最强烈、持久和稳定的情感。它是在一定社会、经济、文化条件下，两性以共同的生活理想为基础，以平等互爱和自愿承担相应义务为前提，并按一定道德标准自主结成的具有排他性和持久性的特殊社会关系。

爱情是人的自然属性与社会属性的统一，是性爱与情爱的统一。爱情的自然属性是爱情产生和存在的生理基础。每个人都有先天的性的潜能，随着年龄的增长，性机能日趋成熟，性意识开始萌发，性心理迅速发展，便产生了对异性的向往和追求，这是人类产生爱情的自然属性。爱情的本质在于其社会属性。社会属性是指在对异性向往和追求时，受到一定社会物质生活条件和社会道德的制约，受到各种思想和生活习俗的影响。这是爱情产生的社会基础，它规定着爱情的发展方向和内容变化。正是爱情的社会属性才使人类在爱情上超越性本能，成就一种高尚无比、优美诚挚的情感。

2. **爱情的特征**

爱情的特征是爱情本质的具体体现,是爱情内涵的进一步展开。爱情具有以下几个特征:其一,平等互爱。男女之间应当在自愿的基础上建立恋爱关系,任何人不得勉强和干涉。爱情以双方的互爱为前提,正如马克思所说,爱情只能用爱去换取爱,用信任换取信任。如果你在爱别人,却没有唤起他人的爱,就是你的爱作为一种爱不能使对方产生爱情。爱情是互相爱慕的感情,任何形式的单相思都不是爱情。其二,专一、排他。爱情关系一旦确立,便要求彼此专注于对方,排除其他对象,绝不能朝三暮四,三心二意,见异思迁。正如陶行知所说:"爱之酒,甜而苦。两人喝,是甘露。三人喝,如酸醋。随便喝,毒中毒。"其三,强烈、持久。男女双方应保持强烈、深厚的感情,从而保证爱情关系的稳定性和持久性。

延伸阅读

苏格拉底与失恋者的对话

苏格拉底:"孩子,为什么悲伤?"

失恋者:"我失恋了。"

苏格拉底:"哦,这很正常。如果失恋了没有悲伤,恋爱大概也就没有什么味道了。可是,年轻人,我怎么发现你对失恋的投入甚至比你对恋爱的投入还要倾心呢?"

失恋者:"到手的葡萄给丢了,这份遗憾,这份失落,您非个中人,怎知其中的酸楚啊?"

苏格拉底:"丢了就丢了,何不继续向前走去,鲜美的葡萄还有很多。"

失恋者:"我要等到海枯石烂,直到他回心转意向我走来。"

苏格拉底:"但这一天也许永远不会到来。"

失恋者:"那我就用自杀来表示我的诚心。"

苏格拉底:"如果这样,你不但失去了你的恋人,同时还失去了你自己,你会蒙受双倍的损失。"

失恋者:"您说我该怎么办?我真的很爱他。"

苏格拉底:"真的很爱他?那你当然希望你所爱的人幸福?"

失恋者:"那是自然。"

苏格拉底:"如果他认为离开你是一种幸福呢?"

失恋者:"不会的!他曾经跟我说,只有跟我在一起的时候,他才感到幸福!"

苏格拉底:"那是曾经,是过去,可他现在并不这么认为。"

失恋者："这就是说，他一直在骗我？"

苏格拉底："不，他一直对你很忠诚的了。当他爱你的时候，他和你在一起，现在他不爱你，他就离去了，世界上再也没有比这更大的忠诚。如果他不再爱你，却要装着对你很有感情，甚至跟你结婚、生子，那才是真正的欺骗呢。"

失恋者："可是，他现在不爱我了，我却还苦苦地爱着他，这是多么不公平啊！"

苏格拉底："的确不公平，我是说你对所爱的那个人不公平。本来，爱他是你的权利，但爱不爱你则是他的权利，而你想在自己行使权利的时候剥夺别人行使权利的自由，这是何等的不公平！"

失恋者："依您的说法，这一切倒成了我的错？"

苏格拉底："是的，从一开始你就犯错。如果你能给他带来幸福，他是不会从你的生活中离开的，要知道，没有人会逃避幸福。"

失恋者："可他连机会都不给我，您说可恶不可恶？"

苏格拉底："当然可恶。好在你现在已经摆脱了这个可恶的人，你应该感到高兴，孩子。"

失恋者："高兴？怎么可能呢？不管怎么说，我是被人给抛弃了。"

苏格拉底："时间会抚平你心灵的创伤。"

失恋者："但愿我也有这一天，可我第一步应该从哪里做起呢？"

苏格拉底："去感谢那个抛弃你的人，为他祝福。"

失恋者："为什么？"

苏格拉底："因为他给了你忠诚，给了你寻找幸福的新的机会。"

（二）爱情与美

爱情从产生的那天起，就同美交织在一起。美引起的愉悦、崇仰之感会导致喜爱之情，而这喜爱之情有亲情、友情和爱情。爱情作为人类生存、发展和繁衍的方式，本身就包含着丰富的道德内容，因而具有了一定的审美价值。可以说美是爱的媒介，爱是美的载体。爱情与审美两者之间相互作用，共同影响。

1. 爱情是爱与美的统一

真正的爱情基于性的基础而源于对美的追求。罗马神话中的维纳斯既是爱神，又是美神。今天来看这个神话人物的塑造含有极深刻的寓意，即爱情是爱与美的统一体。在对审美的考察中，我们可以发现一个基本的事实，人类所爱的东西和美的东西，在审美情感中是融为一体的。美的东西使人感到可爱，而可爱的东西往往是美的。因而人类的爱情作为一种至纯、至善、至美的爱的情感体验，本身就是

对美的最温馨、最曼妙、最纯真的体验。爱情是爱和美的统一的根据在于：人类对爱情的追求总要按照美的规律把人的肉体和精神属性理想化。正是这种理想化的偶像，变成审美理想在爱情生活中孜孜追求的对象。瓦西列夫在《情爱论》中有这样一段描述："审美化，作为爱情的成分和因素也许其职能特别重要。陶醉于理想化中的情侣，彼此把对方看作审美的形象。两人都会在对方身上看出美的特征，它体现在对方独一无二的个性中，具有一种征服力量。它包括面容、体态、姿态、道德品质和气质等等。"〔1〕只要人类在追求真正的属于人的爱情，而不是仅仅满足于性，那么这种爱情追求就必然同时是一种审美追求。

2. 爱情与心灵美

爱情对人的心灵而言是一个很敏感同时也很神圣的领域。爱情很容易显示出一个人的心灵、德性的善恶与美丑。爱情可以显示出卑劣的灵魂，也可以显示出高尚的情操；可以使人暴露出动物性的野蛮，也可以展示人性华彩的一面。正如黑格尔所说："爱情里确实有一种高尚的品质，因为它不是停留在性欲上，而是显示出一种本身丰富的高尚优美的心灵，要求以生动、活泼、勇敢和牺牲精神和另一个人达到统一。"〔2〕

项目设计

观看中西方的电影各一部，或阅读中西方的小说各一部，亲身感受中西方文化对爱情和生命的诠释有何不同。

〔1〕 瓦西列夫. 情爱论. 上海：三联书店，1980：186.
〔2〕 黑格尔. 美学. 北京：商务印书馆，1981：332.

专题三　人生艺术化

人的审美能力和对美的感受能力会随着自我对生活要求的变化而不断地变化和提升。我们的生活中充满了美的事物。

一、彰显人格魅力

人格魅力对人的一生影响巨大，是一个人精神世界的外显。它独立于外貌和才能之外，一个相貌平平、才智一般的人，可以在人格魅力上闪耀无限的光芒。正如笛卡尔所言："人格的力量并不能使我们强过自然的力量，并不能使我们摆脱肉体的束缚，它不过使我们作为人而感到自豪与自由。"

1. 人格的含义

《现代汉语词典》对人格一词的解释为：人的性格、气质、能力等特征的总和；人的道德品质；人作为权利义务主体的资格。心理学对人格的解释是：个体在物质活动和交往活动中形成的具有社会意义的稳定的心理特征。

人格既不是天生的，也不是出生后不久就可以立即形成的，而是在长期的社会活动中逐渐形成的，因此，人格具有可塑性。我们了解了人格的构成要素，掌握了人格塑造的正确方法，就有可能为自己塑造一个充满魅力的人格。

2. 人格的结构

人格包括三个彼此联系的系统：倾向性系统、自我意识系统和心理特征系统。

倾向性系统主要包括需要与动机、兴趣、志向、世界观等要素。它是推动个性发展的动力因素。需要是个体内心不平衡的体验以及追求新的平衡的动力。它直接导致情绪的产生，推动认识和交往的发展。兴趣在人的认识和交往活动中起着重要的作用。志向是个人发展的意图和决心的表现。

自我意识系统是一系列自我完善的能动结构，它充分反映着个性对社会生活的反作用，是人的心理能动性的体现。它由自我认识、自我体验和自我控制三种心理成分构成。自我认识表现为自我感觉、自我观察、自我分析和自我批评等；自我体验表现为自我感受、自爱、自尊、自卑、责任感、义务感和优越感等；自我控制表现

为自立、自主、自制、自强、自卫、自律等。

心理特征系统包括气质、能力、性格等心理成分。

从人格的构成要素来看，培养人格魅力可以在自律、宽容、乐观、自信、幽默和意志坚强等方面努力。具体来说，应做到以下几点。

（1）保持积极乐观的态度。乐观是最为积极的性格因素之一。乐观就是无论在什么情况下，都保持良好的心态，相信坏事情总会过去，相信阳光总会再来。

（2）用坚强的意志来塑造人格。人生中难免会遇到挫折。面对挫折，有的人意志消沉，一蹶不振；有的人越挫越勇，屡仆屡起，最终迎来胜利。战胜挫折的关键就在于要有坚强的意志，面对挫折不畏惧，有战胜挫折的信心和勇气。

（3）用谦虚来塑造人格。谦虚是一个人处事的基本态度。它是一种虚心好学和永不自满的进取精神。谦虚的人能对自己做出合乎实际的评价，善于反省自我，不自夸、不自大，能够发现和改正自己的缺点和不足，以人之长，补己之短。谦虚使人发自内心地尊敬他人，正确认识和评价自己，使自己的人格魅力处处闪耀光芒。

（4）用幽默来塑造人格。人的智慧、光彩和美在于灵性。人类被各种整齐划一的规范约束着，人们便用幽默解脱繁杂的劳动对自己造成的困扰。无论何时何地，只要我们有幽默的心情和情趣，我们便能感受到生活的美好，增添生活的乐趣。用幽默来塑造人格是一种审美艺术，它常带着一些嬉皮的色彩，但幽默绝不是游戏人生。幽默只有符合善和美的品格的内在规定，才有助于提升人格魅力。

延伸阅读

约翰的微笑[1]

毕淑敏

早上出发去芝加哥，我和安妮打算先乘坐当地志愿者的车，一个半小时之后到达罗克福德车站，然后从那里乘坐大巴，直抵芝加哥。

早起收拾行囊，在岳拉娜老奶奶家吃了早饭，我们坐等司机到来。

几天前，从罗克福德车站来到这个小镇时，是一对中年夫妇接站。丈夫叫鲍比，负责开车，妻子叫玛丽安。一路上，玛丽安尽管面容疲惫但很健谈。我说："你看起来很疲惫，还到车站迎接我们，非常感谢。"

玛丽安说："疲劳感来自我的母亲，她患老年痴呆症14年，前不久刚去世。我是一名家庭主妇，这么多年都是我服侍她的。照料母亲已成为我生命的一部分，现

〔1〕 http://www.ledu365.com/a/qinggan/22010.html.

在她离开了,我一下子不知道干什么好了。”还没等我插话,她又说:“你猜,我选择了以怎样的方式悼念母亲?”

我问:“你是要为母亲写一本书吗?”玛丽安说:“不是每个人都有能力写书的,我的办法是竞选议员。”竞选议员?这可比写书难多了,我不由地对玛丽安刮目相看。看不出这位普通的美国妇女有什么叱咤风云的本领,她居然像讨论晚餐的豌豆放不放胡椒粉那样,提出了自己的梦想。

玛丽安沉浸在对自己未来的设想中:“我要向大家呼吁,给我们的老年人更多的爱和财政拨款,服侍老人不但是子女的义务,更是全社会代价高昂的工作。为此,我到处游说……”

我插嘴:“结果怎么样?”

玛丽安羞涩起来:“我没有竞选经验,财力也不充裕,所以这第一次很可能要失败了。但是,我不会气馁,也许你下次来的时候,我已经是州议员了。”玛丽安说到这里,鲍比把汽车的喇叭按响了——他在为妻子助威。

因为认识了这位“预备役议员”,我对即将认识的司机也充满了期待。

司机来了,是个高大帅气的男子,名叫约翰。一见面,约翰连说了两句话,让我觉得行程不会枯燥。

第一句话是:“出门在外的人,走得慌忙,容易落下东西,我帮你们装箱子,你们再好好检查一下有没有遗漏了宝贝。”

我一检查,发现自己的相机就落在了客厅的沙发上。

第二句话是:“你的箱子颜色很漂亮,它不是美国的产品,好像是意大利的。”

一个男人,居然能把女士箱子的产地随口说出。我说:“谢谢你的夸奖。你对箱子很了解啊,能知道你是做什么工作的吗?”

约翰一边开车一边回答:“我是足球教练。”

我自作聪明地说:“赛球的时候走南闯北的,所以你就对箱子有研究了。”

约翰笑了:“我这个足球教练,只教我的3个儿子。”他说着,把车速放慢,从贴身的皮夹里掏出一张照片递给我们,上面是3个踩着足球的男孩儿。约翰说:“我的工作就是照顾3个孩子,接送他们上学、放学,为他们做饭,带他们游玩和锻炼。我可是全职的家庭主夫啊!”

这样一个正当壮年的健康男子,居然天天在家从事育儿工作和家务劳动。而且,他在讲这些话的时候,幸福之情溢于言表。我从来没见过一个男子说到自己的职业是家庭主夫时,如此意气风发。

我问:“你妻子是做什么的?”

约翰说:“法官,在我们这一带非常有名气的法官。”

我说:“那你在家里工作,她心理平衡吗?”

约翰很不解地反问:“为什么不平衡呢?这是多么好的组合!她那么喜欢孩子,可是她要工作,把孩子交给我来照料,她才最放心。”

我不礼貌地追问了一句:“要是你不介意,我还想问问,你心理平衡吗?”

约翰说:“我?当然平衡!我那么爱孩子们,能够整天和他们在一起,我求之不得,不是每个男人都有这样的福气。”

这时我才相信,世界上生活着一些非常快乐的家庭主夫,他们绽放着令世界着迷的笑脸。

到了车站,我们把行李都拿下来了,安妮才想起来她的手提电脑落在岳拉娜老奶奶家了。怎么办呢?从车站到我们曾经居住的小镇,一来一回要3个小时,约翰刚才还说,他要赶回去给孩子们做饭呢!

我们看着约翰,约翰看着我们,气氛有些微妙和尴尬——他是有权利表达他的为难和遗憾的。但是,他很快就绽放出一如既往的笑容,看起来很“贤妻良母”。好像是一个家长刚对孩子说过“你小心一点儿,别摔倒了”,结果那孩子就来了一个嘴啃泥。家长的第一个反应不是埋怨和指责,而是本能地微笑着帮助包扎孩子受伤的膝盖。

他很轻松地说:“不要紧,出门在外,这样的事情常常发生。我这就赶回小镇,先照料孩子们吃完午饭,然后就到岳拉娜老奶奶家取电脑并立即返回这里。等我的这段时间里,你们可以看看美丽的枫树,这里的枫叶最漂亮了。”说着,约翰笑着挥挥手,开着车走了……

二、培养高雅情趣

审美能力和审美趣味会对美感的强弱产生直接的影响,而高雅的审美趣味能有效稀释人的原始占有欲望,把自己低级的、动物本能的需要转化为高尚的人的享受。

一方面,审美可以发展人的个性和自由,正像黑格尔所说的“带有令人解放的性质”〔1〕;另一方面,审美可以使人合理地支配闲暇时间,防止人沉溺于有害身心健康,甚至危害社会和他人的消遣之中,使人从粗俗中超脱出来,变得高雅而

〔1〕 黑格尔. 美学:第1卷. 北京:商务印书馆,1979:180.

崇高。因此,培养高雅的情趣,一方面是指培养优雅的性格,另一方面是指培养高雅的志向和兴趣。高雅的志向和兴趣的培养要做到符合社会发展的趋势和方向,要立志高远。

三、创新生活方式

(一) 发现美

要培养发现美的眼睛,可以尝试发现身边的美。我们身边习以为常的事物,很少能为我们带来欣喜的美的体验。对于一个我们无法体验到美的事物,我们不能勉强自己认为该事物是美的。事实上,每个事物都蕴含着美,就看你能否发现它可以令你感受到美的一面。就如缠在桶上的牵牛花,有人看到的是麻烦,有人看到的是生命美好,日本诗人加贺千代写道:

啊,牵牛花

把小桶缠住了,

提水到邻家。

诗人在清晨起来,透过生命的机缘巧合,看到了一种别样的美丽。在看细微事物的时候,我们不能只是看,而应该更多地思考。正如《华严经》所说:"一花一世界,一叶一如来。"一朵小花的盛开,是柔弱的生命绽放绚烂的瞬间;一滴露珠折射出太阳的辉煌。只有经过这样的思考,我们才能有更多的感悟和对美的感受。

(二) 感受美

文学艺术是审美的自由创造,集中体现了人类所创造的审美价值。人们通过欣赏文艺作品获得审美感受,同时也培养了审美能力。如果我们只是盲目地去听一场音乐会、参观一次画展,是无法实现提升我们感受美的能力的。我们提升自己感受美的能力,就必须学一些基本的培养美感的知识。例如色彩的搭配原则、线条的表现形式、图形的搭配艺术、空间的组合艺术等。以欣赏名画为例。俗话说,不会画,还不会看呀。事实上如果不经过训练,对有些东西我们可能真的无法去感受和欣赏它。其实很多人不具备绘画的专业知识,但是这并不妨碍他欣赏名画的水平。这是为什么呢?我们在参观和欣赏名画之前,应该对一些画展的知识先行普及,例如了解一下画家介绍、画作的背景、表现手法等。这样我们去参观画展时就

一定会有收获。在经过这样的多次训练后,我们会发现自己对美的感受力在逐渐提升。

(三)创造美

美感生活的最高境界,就是拥有自己的风格,自己能在生活中不断创造美,并给他人以美的感受。

美感就是自我对美的感受,它属于一种自我意识。而生活中有很多人对自己喜好的认识是非常模糊的。他并不知道自己的明确需要,容易人云亦云,缺乏主见。创造美的生活,第一步就是打造属于自己的风格。

打造自己风格的第一步,就是先认清自己现在的做事风格是什么,自己想要追求什么,什么是自己坚持不懈的信念。我们只有建立了清晰的自我认识,才能基于此打造适合自己的风格。

女　人

朱自清

白水是个老实人,又是个有趣的人。他能在谈天的时候,滔滔不绝地发出长篇大论。这回听勉子说,日本某杂志上有《女?》一文,是几个文人以"女"为题的桌话的记录。他说,"这倒有趣,我们何不也来一下?"我们说,"你先来!"他搔了搔头发道:"好!就是我先来;你们可别临阵脱逃才好。"我们知道他照例是开口不能自休的。果然,一番话费了这多时候,以致别人只有补充的工夫,没有自叙的余裕。那时我被指定为临时书记,曾将桌上所说,拉杂写下。现在整理出来,便是以下一文。因为十之八是白水的意见,便用了第一人称,作为他自述的模样;我想,白水大概不至于不承认吧?

老实说,我是个欢喜女人的人;从国民学校时代直到现在,我总一贯地欢喜着女人。虽然不曾受着什么"女难",而女人的力量,我确是常常领略到的。女人就是磁石,我就是一块软铁;为了一个虚构的或实际的女人,呆呆地想了一两点钟,乃至想了一两个星期,真有不知肉味光景——这种事是屡屡有的。在路上走,远远地有女人来了,我的眼睛便像蜜蜂们嗅着花香一般,直攫过去。但是我很知足,普通的女人,大概看一两眼也就够了,至多再掉一回头。像我的一位同学那样,遇见了异性,就立正——向左或向右转,仔细用他那两只近视眼,从眼镜下面紧紧追出去半日,然后看不见,然后开步走——我是用不着的。我们地方有句土话说:"乖子望

一眼，呆子望到晚。”我大约总在“乖子”一边了。我到无论什么地方，第一总是用我的眼睛去寻找女人。在火车里，我必走遍几辆车去发见女人；在轮船里，我必走遍全船去发见女人。我若找不到女人时，我便逛游戏场去，赶庙会去——我大胆地加一句——参观女学校去；这些都是女人多的地方。于是我的眼睛更忙了！我拖着两只脚跟着她们走，往往直到疲倦为止。

我所追寻的女人是什么呢？我所发见的女人是什么呢？这是艺术的女人。从前人将女人比做花，比做鸟，比做羔羊；他们只是说，女人是自然手里创造出来的艺术，使人们欢喜赞叹——正如艺术的儿童是自然的创作，使人们欢喜赞叹一样。不独男人欢喜赞叹，女人也欢喜赞叹；而“妒”便是欢喜赞叹的另一面，正如“爱”是欢喜赞叹的一面一样。受欢喜赞叹的，又不独是女人，男人也有。“此柳风流可爱，似张绪当年”便是好例；而“美丰仪”一语，尤为“史不绝书”。但男人的艺术气分，似乎总要少些；贾宝玉说得好：男人的骨头是泥做的，女人的骨头是水做的。这是天命呢？还是人事呢？我现在还不得而知；只觉得事实是如此罢了。——你看，目下学绘画的“人体习作”的时候，谁不用了女人做他的模特儿呢？这不是因为女人的曲线更为可爱么？我们说，自有历史以来，女人是比男人更其艺术的；这句话总该不会错吧？所以我说，艺术的女人。所谓艺术的女人，有三种意思：是女人中最为艺术的，是女人的艺术的一面，是我们以艺术的眼去看女人。我说女人比男人更其艺术的，是一般的说法；说女人中最为艺术的，是个别的说法。——而“艺术”一词，我用它的狭义，专指眼睛的艺术而言，与绘画、雕刻、跳舞同其范类。艺术的女人便是有着美好的颜色和轮廓和动作的女人，便是她的容貌，身材，姿态，使我们看了感到“自己圆满”的女人。这里有一块天然的界碑，我所说的只是处女，少妇，中年妇人，那些老太太们，为她们的年岁所侵蚀，已上了凋零与枯萎的路途，在这一件上，已是落伍者了。女人的圆满相，只是她的“人的诸相”之一；她可以有大才能，大智慧，大仁慈，大勇毅，大贞洁等等，但都无碍于这一相。诸相可以帮助这一相，使其更臻于充实；这一相也可帮助诸相，分其圆满于它们，有时更能遮盖它们的缺处。我们之看女人，若被她的圆满相所吸引，便会不顾自己，不顾她的一切，而只陶醉于其中；这个陶醉是刹那的，无关心的，而且在沉默之中的。

我们之看女人，是欢喜而绝不是恋爱。恋爱是全般的，欢喜是部分的。恋爱是整个“自我”与整个“自我”的融合，故坚深而久长；欢喜是“自我”间断片的融合，故轻浅而飘忽。这两者都是生命的趣味，生命的姿态。但恋爱是对人的，欢喜却兼人与物而言。——此外本还有“仁爱”，便是“民胞物与”之怀；再进一步，“天地与我并生，万物与我为一”，便是“神爱”、“大爱”了。这种无分物我的爱，非我所要论；但在此又须立一界碑，凡伟大庄严之像，无论属人属物，足以吸引人心者，必为这种

爱;而优美艳丽的光景则始在"欢喜"的阈中。至于恋爱,以人格的吸引为骨子,有极强的占有性,又与二者不同。Y君以人与物平分恋爱与欢喜,以为"喜"仅属物,"爱"乃属人;若对人言"喜",便是蔑视他的人格了。现在有许多人也以为将女人比花,比鸟,比羔羊,便是侮辱女人;赞颂女人的体态,也是侮辱女人。所以者何?便是蔑视她们的人格了!但我觉得我们若不能将"体态的美"排斥于人格之外,我们便要慢慢地说这句话!而美若是一种价值,人格若是建筑于价值的基石上,我们又何能排斥那"体态的美"呢?所以我以为只需将女人的艺术的一面作为艺术而鉴赏它,与鉴赏其他优美的自然一样;艺术与自然是"非人格"的,当然便说不上"蔑视"与否。在这样的立场上,将人比物,欢喜赞叹,自与因袭的玩弄的态度相差十万八千里,当可告无罪于天下。——只有将女人看作"玩物",才真是蔑视呢;即使是在所谓的"恋爱"之中。艺术的女人,是的,艺术的女人!我们要用惊异的眼去看她,那是一种奇迹!

我之看女人,十六年于兹了,我发现了一件事,就是将女人作为艺术而鉴赏时,切不可使她知道;无论是生疏的,是较熟悉的。因为这要引起她性的自卫的羞耻心或他种嫌恶心,她的艺术味便要变稀薄了;而我们因她的羞耻或嫌恶而关心,也就不能静观自得了。所以我们只好秘密地鉴赏;艺术原来是秘密的呀,自然的创作原来是秘密的呀。但是我所欢喜的艺术的女人,究竟是怎样的呢?您得问了。让我告诉您:我见过西洋女人,日本女人,江南江北两个女人,城内的女人,名闻浙东西的女人;但我的眼光究竟太狭了,我只见过不到半打的艺术的女人!而且其中只有一个西洋人,没有一个日本人!那西洋的处女是在Y城里一条僻巷的拐角上遇着的,惊鸿一瞥似地便过去了。其余有两个是在两次火车里遇着的,一个看了半天,一个看了两天;还有一个是在乡村里遇着的,足足看了三个月。——我以为艺术的女人第一是有她的温柔的空气,使人如听着箫管的悠扬,如嗅着玫瑰花的芬芳,如躺着在天鹅绒的厚毯上。她是如水的密,如烟的轻,笼罩着我们。我们怎能不欢喜赞叹呢?这是由她的动作而来的。她的一举步,一伸腰,一掠鬓,一转眼,一低头,乃至衣袂的微扬,裙幅的轻舞,都如蜜的流,风的微漾。我们怎能不欢喜赞叹呢?最可爱的是那软软的腰儿。从前人说临风的垂柳,《红楼梦》里说晴雯的"水蛇腰儿",都是说腰肢的细软的;但我所欢喜的腰呀,简直和苏州的牛皮糖一样,使我满舌头的甜,满牙齿的软呀。腰是这般软了,手足自也有飘逸不凡之概。你瞧她的足胫多么丰满呢!从膝关节以下,渐渐地隆起,像新蒸的面包一样;后来又渐渐渐渐地缓下去了。这足胫上正罩着丝袜,淡青的?或者白的?拉得紧紧的,一些儿皱纹没有,更将那丰满的曲线显得丰满了;而那闪闪的鲜嫩的光,简直可以照出人的影子。你再往上瞧,她的两肩又多么亭匀呢!像双生的小羊似的,又像两座玉峰似

的;正是秋山那般瘦,秋水那般平呀。肩以上,便到了一般人讴歌颂赞所集的“面目”了。我最不能忘记的,是她那双鸽子般的眼睛,伶俐到像要立刻和人说话。在惺忪微倦的时候,尤其可喜,因为正像一对睡了的褐色小鸽子。和那润泽而微红的双颊,苹果般照耀着的,恰如曙色之与夕阳,巧妙地相映衬着。再加上那覆额的,稠密而蓬松的发,像天空的乱云一般,点缀得更有情趣了。而她那甜蜜的微笑也是可爱的东西;微笑是半开的花朵,里面流溢着诗与画与无声的音乐。是的,我说的已多了;我不必将我所见的,一个人一个人分别说给你,我只将她们融合成一个Sketch给你看——这就是我的惊异的型,就是我所谓艺术的女子的型。但我的眼光究竟太狭了!我的眼光究竟太狭了!

在女人的聚会里,有时也有一种温柔的空气;但只是笼统的空气,没有详细的节目。所以这是要由远观而鉴赏的,与个别的看法不同;若近观时,那笼统的空气也许会消失了的。说起这艺术的“女人的聚会”,我却想着数年前的事了,云烟一般,好惹人怅惘的。在P城一个礼拜日的早晨,我到一所宏大的教堂里去做礼拜;听说那边女人多,我是礼拜女人去的。那教堂是男女分坐的。我去的时候,女座还空着,似乎颇遥遥的;我的遐想便去充满了每个空座里。忽然眼睛有些花了,在薄薄的香泽当中,一群白上衣,黑背心,黑裙子的女人,默默地,远远地走进来了。我现在不曾看见上帝,却看见了带着翼子的这些安琪儿了!另一回在傍晚的湖上,暮霭四合的时候,一只插着小红花的游艇里,坐着八九个雪白雪白的白衣的姑娘;湖风舞弄着她们的衣裳,便成一片浑然的白。我想她们是湖之女神,以游戏三昧,暂现色相于人间的呢!第三回在湖中的一座桥上,淡月微云之下,倚着十来个,也是姑娘,朦朦胧胧的与月一齐白着。在抖荡的歌喉里,我又遇着月姊儿的化身了!——这些是我所发见的又一型。

是的,艺术的女人,那是一种奇迹!

推荐阅读

《美的历程》(作者:李泽厚,安徽文艺出版社1994年版)

《美的历程》是李泽厚在新时期的重要著作,它把数千年的文艺、美学纳入时代精神的框架内,揭示了众多美学现象的历史积淀和心理积淀,具有浑厚的整体感与深刻的历史感。该书夹叙夹议,见解精到,文字简洁,明白晓畅,曾影响了一代青年,引导了一批又一批的读者步入美的殿堂。

项目设计

为自己的班级或寝室的布置设计一个方案,把各自的方案拿出来晒一晒,看谁的最受欢迎,并请他讲出设计的构想。

参考文献

1. 皮连生. 教育心理学. 上海:上海教育出版社,2004.

2. 提摩太·夏纳罕,罗宾·王. 理性与洞识. 王新生,吴树博,袁新,李虎,译. 上海:复旦大学出版社,2012.

3. 魏英敏. 新伦理学教程. 北京:北京大学出版社,2012.

4. 戴茂堂,罗金远. 伦理学讲座. 北京:人民出版社,2012.

5. 李建华. 道德情感论. 北京:北京大学出版社,2011.

6. 潘知常. 没有美万万不能. 北京:人民出版社,2012.

7. 刘晓丽. 周末读点美学. 上海:上海交通大学出版社,2013:35.

8. 肖立斌. 中西传统道德信仰比较. 贵阳:贵州大学出版社,2009.

9. 王小锡. 道德资本与经济伦理. 北京:人民出版社,2009.

10. 鲁洁. 道德教育的当代论域. 北京:人民出版社,2005.

12. 瞿振元,夏卫东. 中国传统道德讲义. 北京:中国人民大学出版社,1997.

13. 徐宗良. 道德问题的思与辨. 上海:复旦大学出版社,2011.

14. 中国共产党第十八次全国代表大会文件汇编. 北京:人民出版社,2012.

15. 高兆明. 制度公正论. 上海:上海文艺出版社,2001.

16. 张琼. 思想道德修养. 郑州:河南人民出版社,2003.

17. 李任. 富勒:法律与道德的追问者. 哈尔滨:黑龙江大学出版社,2013.

18. 蒋旭. 我国诚信问题研究综述. 兰州学刊,2005(6).

19. 彭怀祖. 关于道德动因多元的研究. 理论学刊,2008(11).

20. 李建华. 道德情感论. 北京:北京大学出版社,2011.

21. 陈望衡. 20世纪中国美学本体论问题. 长沙:湖南教育出版社,2001.

22. 刘书林. 思想道德修养. 北京:高等教育出版社,2003.

23. 胡连元,秦裕芳. 美学概论. 北京:高等教育出版社,1988.

24. 张应杭. 人生美学导论. 杭州:浙江大学出版社,1996.

25. 林昊. 决定你一生的人格魅力. 北京:中国华侨出版社,2008.

后　记

本书是以高等教育出版社2013年修订版《思想道德修养与法律基础》的内容构架为蓝本,结合高职学生的思想实际、成才目标和教师的教学心得,整合、提炼的一本"理实一体化"的辅学读本,旨在提高政治理论课教学的针对性、实效性以及开放性,从而为学院人才培养目标的实现提供理论支撑和实践指导。

思想道德修养与法律基础课的实质就是从思想道德上和法律上为大学生提供人生指导和帮助,为大学生开启美好人生夯实基础。关于人生,不同的人有不同的理解和诠释。有人说,人生是一道亮丽的风景线;有人说,人生是一盘下不完的棋;还有人说,人生没有终点站;如此等等。我们认为,人的一生总绕不开以下几个方面:智慧、幸福、道德、法治、审美。对于这些方面的不同诠释和演绎,构成了人生的不同境界。人的一生实质上就是在这些方面不懈努力、不断提升的过程,也就是人生境界不断提升的过程。对于高职大学生来说,设计和演绎智慧人生、幸福人生、道德人生、法治人生、美的人生,是一个体现实力、展现魅力的艰巨而光荣的任务。基于上述逻辑,结合《思想道德修养与法律基础》的主要知识点,我们形成了本书的内容构架,希望本书能为高职大学生学习和实践思想道德修养与法律基础课的内容提供切实指导。

本书是集体合作的成果、集体智慧的结晶。在学院分管领导、部门主管领导的关心下,经过编委会成员的共同努力,最终形成了这本辅学读本。本书由李从如和贾虹进行框架设计和统稿,具体编写分工如下:高珊,智慧人生篇、幸福人生篇;赵永兵,道德人生篇、美的人生篇;张艳,法治人生篇。此外,文基梅、杨晔、何卫星、张红梅、周瑾、袁芳、夏安、夏一蓁等也为本书的编写做了大量的工作。苏州大学出版社对于本书的编写工作给予了极大的支持和帮助,特别是盛莉编辑为本书的编写做了大量的策划、组织、校对、审核工作。在本书的编写过程中,我们参考并引用了国内外专家学者及同行的大量研究成果,在此一并致谢。

由于时间仓促,疏漏难免,敬请同行和读者指正。

编者

2014年8月